Web 前端开发基础

主　编　杨　春　　王雅娴
副主编　伍伟邦　　王莹莹　　曾确令　　曹党生

北京理工大学出版社
BEIJING INSTITUTE OF TECHNOLOGY PRESS

内 容 简 介

本书基于工作过程的教学思想，将典型网站的实现过程拆解为 6 个项目 25 个子任务。每个任务都由任务描述、能力目标、知识引入、任务实现、知识拓展、技能训练、课后测试 7 个部分组成。通过这 7 个部分内容的前后衔接，层层递进，让读者在完成任务的过程中自然而然地学到 Web 前端开发中的各项知识和技能。

本书既可以作为"Web 前端开发""网页设计与制作"等课程的教材，也可以作为相关从业人员的自学参考书。

图书在版编目（CIP）数据

Web 前端开发基础 / 杨春，王雅娴主编 . -- 北京：
北京理工大学出版社，2024.1
　　ISBN 978 - 7 - 5763 - 3156 - 1

　　Ⅰ . ①W… 　Ⅱ . ①杨…②王… 　Ⅲ . ①网页制作工具
Ⅳ . ①TP393.092.2

中国国家版本馆 CIP 数据核字（2023）第 215121 号

责任编辑：王玲玲	**文案编辑**：王玲玲
责任校对：刘亚男	**责任印制**：施胜娟

出版发行 / 北京理工大学出版社有限责任公司
社　　址 / 北京市丰台区四合庄路 6 号
邮　　编 / 100070
电　　话 / （010）68914026（教材售后服务热线）
　　　　　　（010）68944437（课件资源服务热线）
网　　址 / http：//www.bitpress.com.cn

版 印 次 / 2024 年 1 月第 1 版第 1 次印刷
印　　刷 / 涿州市新华印刷有限公司
开　　本 / 787 mm × 1092 mm　1/16
印　　张 / 17.5
字　　数 / 416 千字
定　　价 / 86.00 元

前　　言

　　本书以企业真实项目作为案例蓝本，由一线教师和企业工程师共同编写，以"拆积木"的方式将企业真实项目拆解为知识点，以"搭积木"的思路循序渐进、由浅入深地编排教材内容，并将课程思政无缝融入，从最简单的建立网站目录结构开始，一步一步地应用知识点，直至重构完成整个项目。

　　全书共分为 6 个部分：

　　项目一：制作一个简单的网站（本项目从建立网站目录结构开始，到建立第一个网页，直至使用开发工具制作一个简单的网站）。

　　项目二：使用 HTML 搭建网页结构（通过本项目的学习，读者能掌握 HTML5 的常用标签，能够熟练应用 HTML5 的各类标签搭建网页结构）。

　　项目三：使用 CSS 美化网页（本项目介绍 CSS 选择器、盒子模型、浮动、定位等，通过本项目的学习，读者能够掌握网页布局的核心内容）。

　　项目四：CSS3 高级应用（通过本项目的学习，读者能使用 CSS3 的过渡、变形、动画给网页添加动画和一些特殊效果）。

　　项目五：PC 端页面设计（本项目介绍网页效果图的制作、标注、切图等知识，并完成 PC 端页面布局）。

　　项目六：响应式页面设计（本项目分别使用媒体查询、弹性盒及 Bootstrap 框架实现响应式页面设计）。

　　本书由广东机电职业技术学院杨春、王雅娴担任主编，负责书稿的编写，并全面统筹书稿编写、审核和修改工作；由广州腾科网络技术有限公司构架与研发部总监伍伟邦和广东机电职业技术学院王莹莹、曾确令、曹党生担任副主编，具体负责书稿编写、数字资源建设等工作。本书的数字资源建设还得到了广州腾科网络技术有限公司的教学总监单南燕老师、曾炜财老师的支持和帮助。本书内容编写分工如下：项目一由王莹莹编写，项目二由曾确令编写，项目三由杨春编写，项目四由曹党生编写，项目五由王雅娴编写，项目六由伍伟邦编写。

　　由于编者水平有限，书中难免有疏漏之处，恳请各位读者批评指正，不胜感激！Email：yangchun213@ qq. com。

编　者

目　　录

项目一
制作一个简单的网站

任务1.1　建立网站目录结构

📃 任务描述

互联网为人们的生活、工作带来诸多便利，提供各种丰富的资源，如文字、图像、音频、视频等。网页正是传递这些资源的重要载体。网站则由一个或多个网页组成，是交流和服务的平台。因此，网站需要有清晰的结构，良好的可管理性、可维护性、可访问性。

本任务根据腾科IT教育网站的建站需求，确定该网站的栏目（首页、优选课程、高校合作、企业定制、考试中心、学习资源、关于我们），根据网站栏目建立网站的目录结构，完成后的效果如图1-1-1所示。

📃 任务效果图

任务效果图如图1-1-1所示。

图1-1-1

📃 能力目标

◇ 了解网页与网站的关系；

◇ 了解网页的类型；

◇ 掌握建立网站的目录结构的方法；

◇ 了解网页设计相关工具。

知识引入

要完成本任务，需要先学习以下知识。

1. 网页与网站的关系

网页是使用 HTML（Hyper Text Markup Language，即超文本标记语言）编写的纯文本文件。通过浏览器看到的包含了文字、图像、音频、视频等多媒体信息的每一个页面，其本质就是一个 HTML 纯文本文件。浏览器对该纯文本文件进行了解析，才生成了多姿多彩的网页。

网站包含一个或多个网页，网页之间通过超链接关联在一起。

一个网站对应磁盘上的一个文件夹，网站的所有网页和其他资源文件都会放在该文件夹下或其子文件夹下（设计良好的网站通常是将网页及其他资源文件分门别类地保存在相应的文件夹中，以方便管理和维护）。

网页通过链接组织在一起，其中有个网页称为首页（网站的入口），常命名为 index 或 default 加上扩展名，例如：index.htm 或 index.html（推荐）。

注意：首页必须放在网站的根目录下。

2. 网页的类型

网页分为静态网页和动态网页。

静态网页的扩展名是 .htm 或 .html。静态网页上传到服务器后，不会发生任何更改，无论是谁，在任何时候看到的页面内容都相同（除非页面被重新修改上传）。静态网页更新不方便，但是访问速度快。

动态网页的扩展名与所使用的 Web 后端开发技术有关。动态网页显示的内容可能会随着用户操作和时间的不同而变化。动态网页依靠服务器端的程序和数据库自动更新。如果页面内容需要经常更新或更新量大，就用动态网页。

现在大多数网站都是由动态网页和静态网页共同组成。动态网页的实现是以静态网页为基础的，因此，网站开发的学习路线是先"静"后"动"。本书介绍的都是静态网页案例。

3. 网站开发技术

网站开发技术也叫 Web 开发技术，分为 Web 前端开发技术和 Web 后端开发技术。

Web 前端开发的核心技术有 HTML、CSS、JavaScript，主要用于制作静态网页。本书主要介绍 HTML 和 CSS。

- HTML（Hyper Text Markup Language）用于描述网页的结构。
- CSS（Cascading Style Sheets）用于控制网页的外观。
- JavaScript 是目前最流行的脚本语言，用于定义网页的行为。

Web 后端开发技术主要包括：

- 服务器端脚本语言（PHP、Java、Python 等）。
- 数据库技术。

4. 网页设计相关工具

①编写网页：常用的工具有记事本、Dreamweaver、VS Code、HBuilder 等。

• Dreamweaver，简称 DW，最初为美国 Macromedia 公司开发，2005 年被 Adobe 公司收购。DW 是集网页制作和网站管理于一身的所见即所得网页代码编辑器，非常适合初学者使用。

• VS Code，全称 Visual Studio Code，是由微软研发的一款免费、开源的跨平台代码编辑器，目前是前端开发使用最多的一款软件开发工具。

• HBuilder 是 DCloud（数字天堂）推出的一款免费的 Web 开发工具。HBuilder 下载方便，无须安装。它最大的优势是快捷，通过完整的语法提示和代码输入法、代码块等，可大幅提升网页的开发效率。

②查看网页效果：使用支持 HTML5 的浏览器，如 Chrome、Firefox、Safari 等。

③图像编辑：可使用 Photoshop。

任务实现

步骤 1：根据网站建设需求，确定网站的栏目。

腾科 IT 教育网站栏目为：首页、优选课程、高校合作、企业定制、考试中心、学习资源、关于我们。

步骤 2：建立网站目录结构。结果如图 1 - 1 - 1 所示。

①建立网站根目录。

根目录名称自定，例如"togogo"，不要使用中文命名。

②在根目录下，按照栏目建立子目录。

如果栏目包括多个文件，不要将所有文件都存放在网站根目录下，应为该栏目建立相应的子目录。

如果一个栏目只有一个网页文件，可以直接放在网站根目录下。

③建立存放图片的目录。

图片目录可命名为"images"或"image"或"img"。

在网站根目录创建图片目录，用于存放不同栏目的页面都要用到的公共图片。

④建立相应的网页文件，后缀名为 .html。

网站首页文件位于网站根目录。首页文件的命名，通常为 index.htm、index.html、default.htm 或 default.html。

注意事项：

• 目录的层次不要太深。

• 不要使用中文目录名或文件名，不要使用过长的目录名或文件名，尽量使用意义明确的名称，建议使用英文简写的形式。

• 目录名或文件名可使用 a~z、A~Z、0~9 和下划线（_），不能有空格，禁止使用特殊字符，如@、#、$、%、&、*等。目录名或文件名由单个单词组成时，建议全部小写；若由两个或两个以上单词组成，建议首字母大写。

知识拓展

什么是伪静态?

真实静态是后缀名为 .html 或 .htm 的文件,访客访问到的是真实存在的静态页面。

伪静态则没有生成实体静态页面文件,仅仅是 .html 一类的静态页面形式,但其实是用 PHP 等动态网页开发技术来处理的。

具体可参考伪静态视频(https://haokan.baidu.com/v?vid=11688308543033408090)。

技能训练

请根据图 1-1-2 所示的个人博客网站栏目,建立该网站的基本结构。

图 1-1-2

关键步骤

①建立网站根目录;
②在根目录下建立子目录;
③在根目录、子目录下建立网页文件。

课后测试

一、单选题

1. HTML 指的是(   )。
A. 超文本标记语言(Hyper Text Markup Language)
B. 家庭工具标记语言(Home Tool Markup Language)
C. 超链接和文本标记语言(Hyperlinks and Text Markup Language)
D. 家庭文本标记语言(Home Text Markup Language)

2. 下列选项中,正确的是(   )。
A. 动态网页扩展名是 .php
B. 静态网页扩展名通常为 .htm 或 .html
C. Flash、GIF 的使用是动态网页的显著特征
D. 动态网页中不使用 HTML

3. 以下扩展名不表示网页文件的是(   )。
A. .html   B. .php   C. .html   D. .txt

4. 下列选项中，正确的是（　　）。

A. 动态网页中没有图片

B. 静态网页就是不包含动画的网页

C. 静态网页和动态网页都是信息的发布形式

D. 动态网页就是包含动画的网页

二、多选题

1. 网站开发技术包括（　　）。

A. ASP　　　　　　　　　　　B. ASP. NET

C. PHP　　　　　　　　　　　D. JSP

2. 网站首页的名字通常是（　　）。

A. index. html　　　　　　　B. index. htm

C. www　　　　　　　　　　　D. 首页

3. 下列选择中，错误的是（　　）。

A. 为了意义明确，网站目录应使用中文命名

B. 要为网站的每个栏目都建立子目录

C. 子目录下不应建立图片目录

D. 网站首页一般位于网站根目录

三、判断题

1. 网页分为静态网页和动态网页两种类型。　　　　　　　　　　（　　）

2. 静态网页中仅包含 HTML、文本、图片。　　　　　　　　　　（　　）

3. 静态网页中不能有脚本。　　　　　　　　　　　　　　　　　（　　）

任务 1.2　建立第一个网页

🖥 任务描述

在任务 1.1 中，建立了腾科 IT 教育网站的基本结构，包括首页 index. html、关于我们页面 about. html 及其他网页文件与子目录。在浏览器中浏览各个网页，只能看到"一片空白"，需要为网页添加内容。本任务将使用记事本建立符合 HTML 文档基本结构，遵守 HTML 语法规范的 about. html 网页文件，并在该网页中恰当使用文本控制标记，进行文本设置，完成后的效果如图 1 - 2 - 1 所示。

🖥 任务效果图

任务效果图如图 1 - 2 - 1 所示。

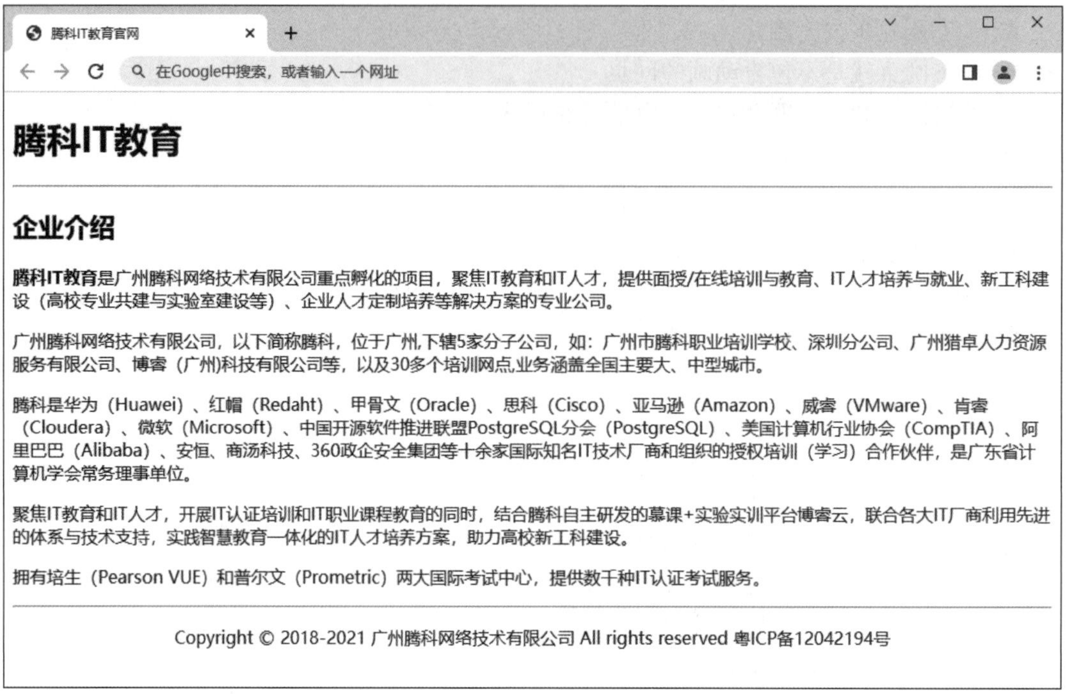

图 1 − 2 − 1

能力目标

◇ 掌握 HTML 语法规范；

◇ 了解 HTML 文档的基本结构；

◇ 掌握文本控制标记。

知识引入

要完成本任务，需要先学习以下知识。

1. HTML 的发展

HTML 指的是超文本标记语言（Hyper Text Markup Language），使用标记标签来描述网页。

随着技术的发展，HTML 经历了多次版本更新。1993 年，HTML1.0 版首次以互联网工程工作小组（IETF）工作草案发布形式发布。90 年代见证了 HTML 的高速发展，从 2.0 版，到 3.2 版和 4.0 版，再到 1999 年的 4.01 版。

XHTML（可扩展超文本标记语言）的表现方式与 HTML 的类似。XHTML1.0 版于 2000 年发布，是 W3C（万维网联盟）的推荐标准，后于 2002 年发布 XHTML2.0 版，兼容 HT-ML4.01 版。

在 2004 年，由 Opera、Mozilla 基金会和苹果这些浏览器厂商联合成立了 WHATWG（互联网超文本应用技术工作组）继续推进 HTML 的标准化。2006 年，W3C 参与开发，2007 年，W3C 接纳了 WHTAWG 提出的 Web Applications 1.0，并正式将新的 HTML 命名为"HT-

ML5"。2008 年第一份 HTML5 正式草案公布。2014 年，HTML5 标准规范制定完成。

2. HTML 语法规范

HTML 文档是纯文本文件，由文本和 HTML 标记组成。HTML 标记只改变网页内容的显示方式，本身并不会显示在网页中。HTML 标记由一对尖括号"＜"和"＞"括起来，如 ＜html＞。

（1）双标记

双标记由开始标记和结束标记组成，其语法格式为：

```
＜标记＞内容＜/标记＞
```

例如：

```
＜p＞以青春开创美好明天＜/p＞
```

（2）单标记

单标记只有开始标记，没有结束标记，其语法格式为：

```
＜标记＞
```

例如：

```
＜br＞
```

（3）标记属性

根据需要，可以在开始标记中增加一些属性，用来设置指定内容的特殊效果，其语法格式为：

```
＜标记　属性1　属性2　属性3　…＞
```

例如：

```
＜hr align＝"left" color＝"red" width＝"50%"＞
```

＜hr＞标记表示要在网页中创建一条水平线，含有三个属性 align、color 和 width。其中，align 属性表示水平线的对齐方式，该属性值为 left，即左对齐；color 属性表示水平线的颜色，该属性值为 red，即红色；width 属性定义水平线的长度，属性值为 50%，表示水平线长度是整个窗口宽度的 50%。

说明：

● 属性必须写在开始标记中，位于标记名后；属性之间不分先后顺序；标记名与属性、属性与属性之间须有空格。

（4）注释语句

在 HTML 文档中恰当使用注释，有助于解释、说明、提醒与纠错，其语法格式为：

```
＜!-- 注释文字 --＞
```

例如：

```
＜!-- 以下为导航栏的样式设置 --＞
```

注意：

- HTML 标记、属性及属性值不区分大小写，但建议都用英文小写。
- 建议属性值用英文双引号括起来。
- 标记名与左尖括号之间不能有空格。
- 结束标记必须有斜杠/。
- 标记可以嵌套，不能交叉。

3. HTML 文档的基本结构

HTML 文档的基本结构由 < html >、 < head > 和 < body > 三对标记组成，形式如下：

```
<! html 网页版本信息说明 >
< html >
< head >
    <!--设置字符编码、标题等 -->
</head >
< body >
    <!--设置显示在浏览器中的内容 -->
</body >
</html >
```

例如：

```
<!doctype html >
< html >
< head >
    < meta charset = "utf - 8">
< title >我的第一个网页 </title >
</head >
< body >
    每个人都有难题,都需要自己克服。
</body >
</html >
```

说明：

- <!doctype html > 声明为 HTML5 文档。
- < html > 是 HTML 文档的根元素。
- < head > 用于设置字符编码、标题等，如 < meta charset = "utf - 8"> 表示文档使用字符编码为 utf - 8， < title > </title > 描述了文档的标题为"我的第一个网页"。
- < body > 表示可见的网页内容。

4. 文本控制标记

使用文本标记可对网页中的文本进行基本设置与修饰设置，使网页丰富多彩。

（1）标题标记

为了使网页更具有语义化，经常会在页面中用到标题标记。HTML 提供了 6 个等级的网页标题，并且依据重要性递减。 < h1 > 定义最大的标题， < h6 > 定义最小的标题。其语法格式为：

```
<hn>标题文本</hn>
```

其中，n 取值为 1~6。

例如：

```
<body>
    <h1>一级标题</h1>
    <h2>二级标题</h2>
    <h3>三级标题</h3>
    <h4>四级标题</h4>
    <h5>五级标题</h5>
    <h6>六级标题</h6>
</body>
```

页面运行效果如图 1-2-2 所示。

图 1-2-2

（2）段落标记

段落是通过 <p> 标签定义的，其语法格式为：

```
<p>段落内容</p>
```

例如：

```
<body>
<p>
    春眠不觉晓，
```

```
          处处闻啼鸟。
       夜来风雨声，
          花落知多少。
</p>
</body>
```

页面运行效果如图 1 - 2 - 3 所示。

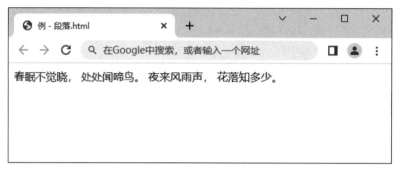

图 1 - 2 - 3

注意：
• 浏览器在显示 HTML 时，会省略源代码中多余的空白字符（空格或回车等）。HTML 代码中所有连续的空行（换行）也被显示为一个空格。
• 必须有结束标签 </p>。
也可以在 p 标记中添加属性 align，实现段落的简单排版，例如：

```
<body>
    <p align = "left">春眠不觉晓，</p>
    <p align = "center">处处闻啼鸟。</p>
    <p align = "right">夜来风雨声，</p>
    <p align = "left">花落知多少。</p>
</body>
```

页面运行效果如图 1 - 2 - 4 所示。

图 1 - 2 - 4

在实际工作中，不建议使用 align 属性，一般使用 CSS 样式设置段落中文本的对齐方式。

（3）换行标记

在 HTML 中，一个段落 ＜ p ＞ ＜/p ＞ 中的文字会从左到右依次排列，直到浏览器窗口的最右端才自动换行。如果希望某段文本强制换行显示，就需要使用换行标记 ＜ br ＞。换行标记是单标记，其语法格式为：

```
< br >
```

例如：

```
<body >
<p >
    春眠不觉晓，<br >
      处处闻啼鸟。<br >
        夜来风雨声，<br >
          花落知多少。<br >
</p >
</body >
```

页面运行效果如图 1 - 2 - 5 所示。

图 1 - 2 - 5

（4）水平线标记

＜ hr ＞标签在 HTML 页面中创建一条水平线，用于分隔内容或修饰网页。水平线标记是单标记，其语法格式为：

```
< hr >
```

例如：

```
<body >
<h1 >春晓 </h1 >
< hr color = "red" width = "50%" align = "left" size = "3">
<p >
```

```
      春眠不觉晓,<br>
        处处闻啼鸟。<br>
          夜来风雨声,<br>
            花落知多少。<br>
  </p>
</body>
```

页面运行效果如图1-2-6所示。

图1-2-6

在实际工作中并不建议使用例子中的hr的属性,最好通过CSS样式进行设置。

(5) 文本格式化标记

HTML提供了多个文本格式化标记。常用的文本格式化标记语法格式如下。

```
加粗:<b>文本</b>
加粗强调:<strong>文本</strong>
斜体:<i>文本</i>
斜体强调:<em>文本</em>
```

例如:

```
<body>
  <p>
      <b>我们每个人都要终身学习</b><br>
      <strong>学问学问,要学就先要问</strong><br>
      <i>现在,青春是用来奋斗的</i><br>
      <em>将来,青春是用来回忆的</em>
  </p>
</body>
```

页面运行效果如图1-2-7所示。

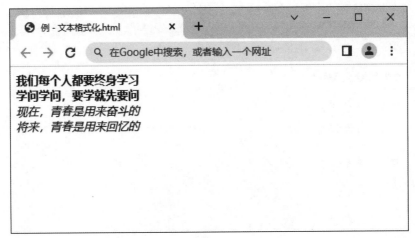

图 1 - 2 - 7

注意，实现了相同文本格式效果的标记，其含义是不同的。< b >与< i >定义粗体或斜体文本。< strong >或者< em >则强调要呈现的文本是重要的，所以要突出显示。

此外，以下文本格式化标记也较常用，语法为：

```
小号字：< small > 文本 </small >
上标字：< sup > 文本 </sup >
下标字：< sub > 文本 </sub >
```

说明：

● < small >标记可以嵌套，从而连续地把文字缩小。每个< small >标记都把文本的字体变小一号。

● 上标字和下标字以当前文本流中字符高度的一半来显示。

例如：

```
< body >
    < p > 好好学习天天向上 </p >
    < p > 好好学习 < small > 天天向上 </small > </p >
    < p > 好好学习 < sup > 天天向上 </sup > </p >
    < p > 好好学习 < sub > 天天向上 </sub > </p >
</body >
```

页面运行效果如图 1 - 2 - 8 所示。

（6）特殊字符

在 HTML 页面中，一些特殊符号不方便直接使用，此时可以使用转义符来代替，一般以"&"开始，以"；"结束，中间不能有空格。如表 1 - 2 - 1 所列为常用的特殊字符。重点记住空格、大于号、小于号，其余的根据需要查阅即可，如查阅 W3school 网站。

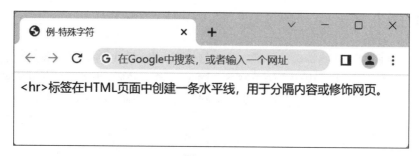

图1-2-8

表1-2-1

转义符	显示结果	描述
&lt;	<	小于号
&gt;	>	大于号
&amp;	&	与号
&quot;	"	引号
&reg;	®	已注册
&copy;	©	版权
&trade;	™	商标
		空格符

例如：

```
<body>
    &lt;hr&gt;标签在 HTML 页面中创建一条水平线,用于分隔内容或修饰网页。
</body>
```

页面运行效果如图1-2-9所示。

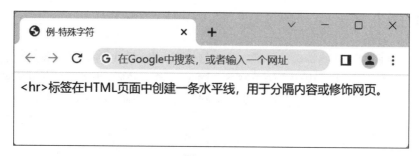

图1-2-9

任务实现

步骤 1：使用记事本打开任务 1.1 中的关于我们页面 about. html，建立 HTML 文档基本结构。

```
<!doctype html >
<html >
<head >
</head >
<body >
</body >
</html >
```

步骤 2：在 < head > </head > 之间设置网页标题。

```
<title >腾科 IT 教育官网 </title >
```

步骤 3：在 < body > </body > 之间设置显示在浏览器中的内容，效果如图 1 - 2 - 1 所示。

（1）设置标题

```
<h1 >腾科 IT 教育 </h1 >
<h2 >企业介绍 </h2 >
```

（2）设置水平线

```
<hr >
```

（3）输入文本，并划分段落

```
<p >腾科 IT 教育是广州腾科网络技术有限公司重点孵化的项目,聚焦 IT 教育和 IT
人才,提供面授/在线培训与教育、IT 人才培养与就业、新工科建设(高校专业共建与实验
室建设等)、企业人才定制培养等解决方案的专业公司。 </p >
<p >广州腾科网络技术有限公司,以下简称腾科,位于广州,下辖 5 家分子公司,如:
广州市腾科职业培训学校、深圳分公司、广州猎卓人力资源服务有限公司、博睿(广州)科技
有限公司等,以及 30 多个培训网点,业务涵盖全国主要大、中型城市。 </p >
<p >腾科是华为(Huawei)、红帽(Redhat)、甲骨文(Oracle)、思科(Cisco)、亚马
逊(Amazon)、威睿(VMware)、肯睿(Cloudera)、微软(Microsoft)、中国开源软件推进
联盟 PostgreSQL 分会(PostgreSQL)、美国计算机行业协会(CompTIA)、阿里巴巴(Ali-
baba)、安恒、商汤科技、360 政企安全集团等十余家国际知名 IT 技术厂商和组织的授权培
训(学习)合作伙伴,是广东省计算机学会常务理事单位。 </p >
<p >聚焦 IT 教育和 IT 人才,开展 IT 认证培训和 IT 职业课程教育的同时,结合腾科
自主研发的慕课 +实验实训平台博睿云,联合各大 IT 厂商利用先进的体系与技术支持,实
践智慧教育一体化的 IT 人才培养方案,助力高校新工科建设。 </p >
```

<p>拥有培生(Pearson VUE)和普尔文(Prometric)两大国际考试中心,提供数千种 IT 认证考试服务。</p>

（4）设置第一段中的文字"腾科 IT 教育"加粗显示

<strong>腾科 IT 教育</strong>

（5）设置页脚版权,并居中对齐

<p align = "center">Copyright &copy;2018 - 2021 广州腾科网络技术有限公司 All rights reserved 粤 ICP 备 12042194 号 </p>

知识拓展

HTML5 新增了一些标记,同时也废除了一些标记,虽然这些标记目前在网页中仍然可以使用,但为了避免以后网页显示出现问题,尽量不使用它们。例如 < acronym >、< applet >、< basefont >、< big >、< center >、< dir >、< font >、< frame >、< frameset >、< noframes >、< strike >、< tt >等,具体可查阅 W3school 网站。

技能训练

使用本任务讲解的知识,实现图 1 - 2 - 10 所示的页面效果。

图 1 - 2 - 10

关键步骤

①打开记事本，建立 HTML 文档基本结构，保存为 .html 文件。

②在 < head > </head > 之间设置网页标题。

③在 < body > </body > 之间设置显示在浏览器中的内容：

- 设置标题，居中对齐；
- 设置水平线；
- 输入文本，并划分段落；
- 设置各段落开头的四个文字加粗显示；
- 设置页脚版权，并居中对齐。

课后测试

一、单选题

1. 在 HTML 文档中，实现强制换行的标记是（   ）。

A. < hr >   B. < br >   C. < p >   D. < h1 >

2. 下列选项中，表示一级标题的是（   ）。

A. < h6 >   B. < head >   C. < title >   D. < h1 >

3. 下列选项中，（   ）是有效的颜色代码。

A. #00000   B. #0000000

C. #00FF00   D. #00FG00

4. < meta > 标签位于（   ）标记内。

A. < p > </p >   B. < head > </head >

C. < title > </title >   D. < body > </body >

二、多选题

1. 组成 HTML 文档基本结构的标记是（   ）。

A. < html > </html >   B. < head > </head >

C. < title > </title >   D. < body > </body >

2. 实现字体加粗效果的 HTML 标记是（   ）。

A. < bold >   B. < b >   C. < bb >   D. < strong >

3. 可以使用（   ）扩展名保存 HTML 文件。

A. .htl   B. .html   C. .hml   D. .htm

三、判断题

1. HTML 标记包括双标记和单标记。   （   ）

2. HTML 标记区分大小写。   （   ）

3. HTML 的属性值必须用双引号括起。   （   ）

任务1.3　使用开发工具

任务描述

Visual Studio Code（以下简称 VS Code）是微软推出的一款免费开源的代码编辑器，支持多种编程语言，包括 JavaScript、TypeScript、HTML/CSS/Sass、Python 等，轻巧便捷，支持插件扩展。

本任务将使用 VS Code 完成任务 1.1、任务 1.2，结果如图 1-3-1 所示。

任务效果图

任务效果图如图 1-3-1 所示。

图 1-3-1

能力目标

◇ 掌握 VS Code 的安装与基本设置；
◇ 掌握 VS Code 的基本使用；
◇ 掌握 VS Code 中创建、编辑、保存及预览网页的方法。

知识引入

要完成本任务，需要先学习以下知识。

1. VS Code 的安装

步骤 1：访问 Visual Studio Code 官网（https://code.visualstudio.com），如图 1-3-2 所示，单击 "Download for Windows" 右侧向下箭头，在图 1-3-3 所示的下拉列表中，下载与计算机所用操作系统匹配的 VS Code 安装文件。本书使用 Windows x64 的 Stable 版本的 "VSCodeUserSetup-x64-1.79.2.exe" 文件。

步骤 2：双击该 EXE 文件，根据提示逐步完成 VS Code 的安装。

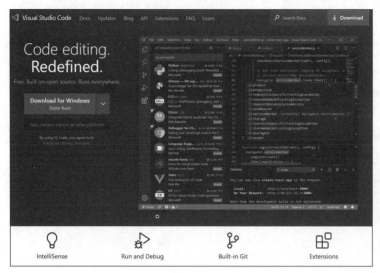

图 1 – 3 – 2　　　　　　　　　　　　　　　　　　图 1 – 3 – 3

2. VS Code 的基本设置

（1）设置界面颜色主题

方法 1：启动 Visual Studio Code，在欢迎界面（图 1 – 3 – 4）中可看到默认主题是 "Dark Modern"，可以选择个人喜欢的颜色主题，如 "Light Modern" "Dark High Contrast" 等，或者通过单击 Browse Color Themes 按钮浏览其他颜色主题并选择。

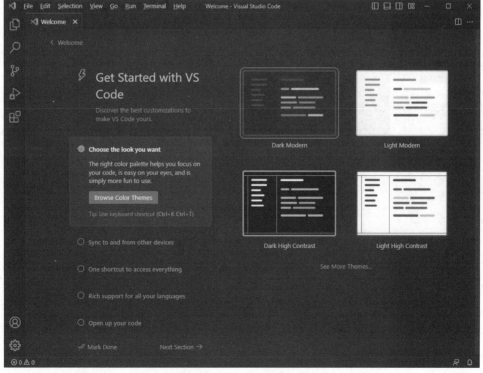

图 1 – 3 – 4

方法 2：单击 VS Code 界面左下角的按钮 ⚙，单击弹出菜单中的 "Themes" → "Color Theme" 命令，如图 1 – 3 – 5 所示，之后在出现的下拉列表（图 1 – 3 – 6）选择合适的颜色主题。

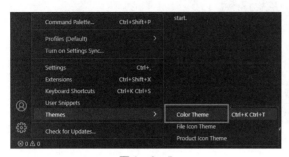

图 1 – 3 – 5　　　　　　　　　　　　　　　　图 1 – 3 – 6

（2）安装插件

VS Code 界面默认显示英文，通过安装合适的插件，可设置为中文显示模式。下面说明如何安装中文简体扩展插件。

单击 VS Code 界面左侧的 ⊞ 按钮，出现如图 1 – 3 – 7 所示的扩展插件面板，在搜索框中输入 "Chinese"，可见如图 1 – 3 – 8 所示的插件选项。单击 "Install" 按钮，安装中文简体扩展插件。安装完毕后，VS Code 切换为中文显示模式。若安装后没有效果，则重启 VS Code。若需恢复为英文显示模式，在扩展插件面板中，卸载中文扩展插件即可。

图 1 – 3 – 7　　　　　　　　　　　　　　　　图 1 – 3 – 8

类似地，在扩展插件面板的搜索框中输入需要安装的插件名称，如浏览器插件 "Open Browser Preview"，之后安装即可。

（3）设置字体大小

单击 VS Code 界面左下角的按钮 ⚙，单击弹出菜单中的 "设置" 命令，在 "常用设置" 的 "控制字体大小（像素）" 输入框中输入所需字号，如图 1 – 3 – 9 所示。

3. VS Code 的基本使用

（1）创建文件夹和文件

图 1 - 3 - 9

　　首先，在计算机中新建一个文件夹。接着，在 VS Code 中，选择"文件"→"打开文件夹"命令，设置该新建的文件夹为项目根目录，用于存放项目中的各个文件。选择"文件"→"打开关闭文件夹"命令则关闭已打开的文件夹。

　　在资源管理器中可浏览已打开的文件夹，鼠标移入资源管理器中，则出现"新建文件""新建文件夹""刷新资源管理器""在资源管理器中折叠文件夹"这四个按钮 ，如图 1 - 3 - 10 所示，当前已打开的文件夹的名字为"WEBSITE"。单击"新建文件"按钮，在文件夹 WEBSITE 中创建 index. html 文件，如图 1 - 3 - 11 所示。

图 1 - 3 - 10

（2）保存和操作文件

　　选择"文件"→"保存"命令，或按 Ctrl + S 组合键，可保存文件。选择"文件"→"另存为"命令，可将文件存到其他文件夹或存为其他文件名。右击文件名，可对文件进行复

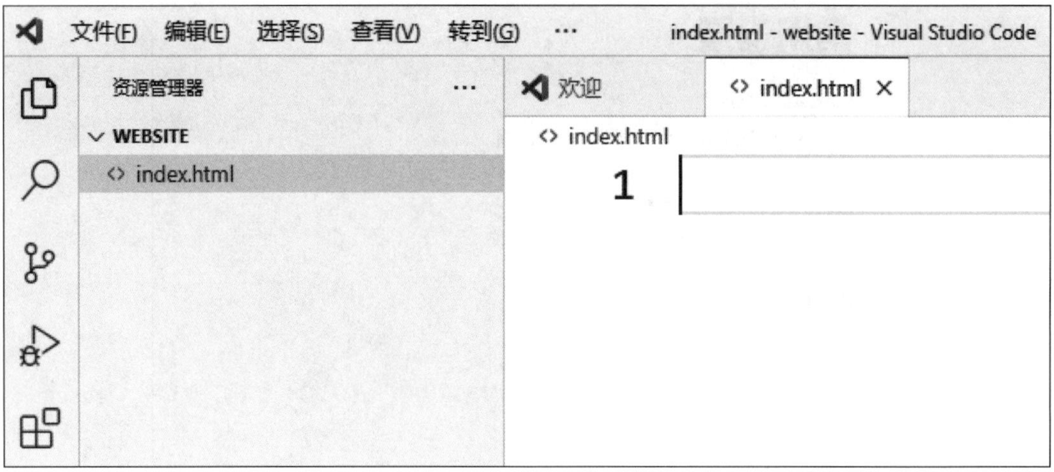

图 1 – 3 – 11

制、剪切、重命名、删除等操作，如图 1 – 3 – 12 所示。

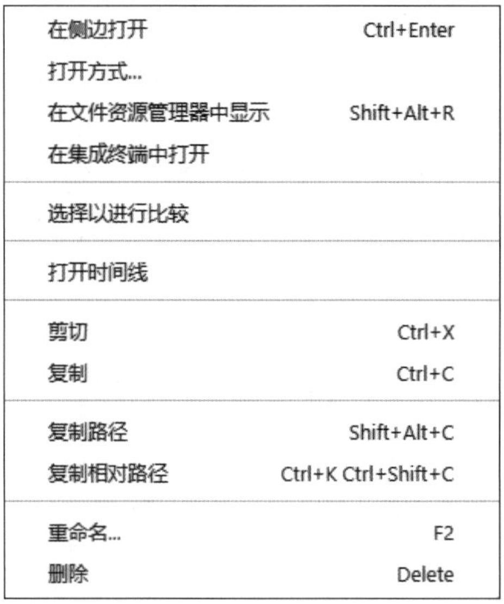

图 1 – 3 – 12

（3）快速创建 HTML5 结构

VS Code 中新建的 html 文件是没有内容的空文件。在编辑 html 文件时，只需输入英文感叹号！或 "html5"，根据图 1 – 3 – 13 的提示自行选择，按下 Tab 键或 Enter 键即可自动生成 HTML5 结构，如图 1 – 3 – 14 所示。

其中，第 5 行代码用于适配移动端界面。

（4）自定义 HTML5 模板

单击 VS Code 界面左下角的 ⚙ 按钮，单击弹出菜单中的 "用户代码片段" 命令，在搜索框中输入 "html"，出现 html. json 文件，单击即可打开 html. json 文件。接着，自定义设置 HTML5 模板，如图 1 – 3 – 15 所示。

图 1 – 3 – 13

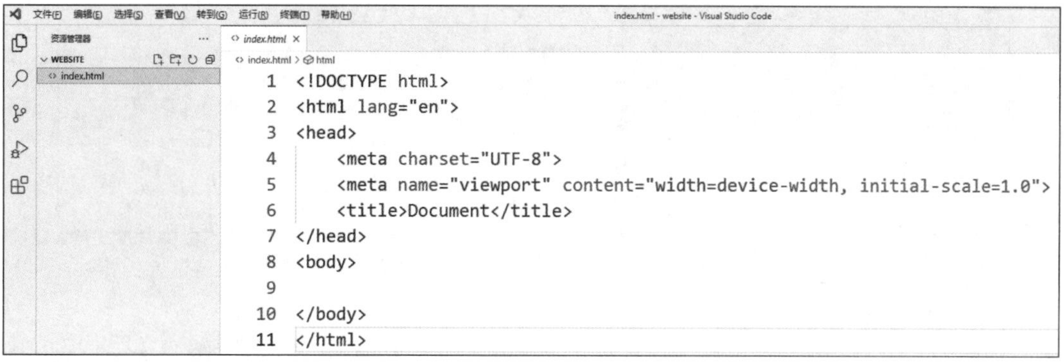

```
1  <!DOCTYPE html>
2  <html lang="en">
3  <head>
4      <meta charset="UTF-8">
5      <meta name="viewport" content="width=device-width, initial-scale=1.0">
6      <title>Document</title>
7  </head>
8  <body>
9
10 </body>
11 </html>
```

图 1 – 3 – 14

```
"h5 template": {
    "prefix": "vh", // 对应的是使用这个模板的快捷键
    "body": [
     "<!DOCTYPE html>",
     "<html>",
     "<head>",
     "\t<meta charset=\"UTF-8\">",
     "\t<title></title>",
     "</head>",
     "<body>",
     "\t$0", // $0表示鼠标停留的位置
     "</body>",
     "</html>"
    ],
    "description": "HTML5模板" // 模板的描述
}
```

图 1 – 3 – 15

其中，\t 是转义字符，表示横向跳到下一制表符位置，等同于 Tab 键。

在编辑 html 文件时，如图 1 – 3 – 16 所示，输入 "vh" 并按下 Enter 键，则自动使用自定义 HTML5 模板，如图 1 – 3 – 17 所示，并且鼠标停留在模板中设置的位置。

图 1 – 3 – 16

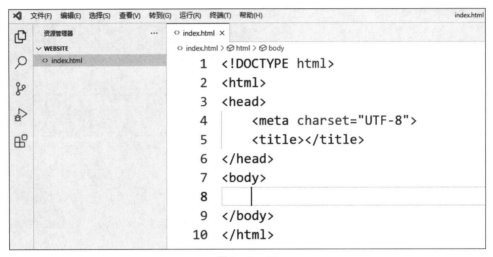

图 1 – 3 – 17

（5）快速创建标签

在代码编辑区域输入标签名，然后按下 Tab 键或 Enter 键即可自动生成完整的标签。例如，输入 "div" 标签，之后按下 Tab 键，将创建完整的 div 标签 " < div > </div > "。

采用 "标签名 * 数量" 的方式能一次创建多个标签。例如，输入 "div * 3"，按下 Enter 键，得到 3 个完整的 div 标签 " < div > </div > "，如图 1 – 3 – 18 所示。

通过符号 " > "，可产生嵌套标签。例如，输入 "div > p * 3"，按下 Enter 键，得到 1 个嵌套了 3 个 p 标签的 div 标签，如图 1 – 3 – 19 所示。

```
<!DOCTYPE html>
<html>
<head>
    <meta charset="UTF-8">
    <title></title>
</head>
<body>
    <div></div>
    <div></div>
    <div></div>
</body>
</html>
```

图 1 – 3 – 18

图 1 – 3 – 19

（6）常用快捷键

使用快捷键可提高工作效率。VS Code 中常用的快捷键如下。

Ctrl + S：保存。

Ctrl + A：全选。

Ctrl + C、Ctrl + V、Ctrl + X：复制、粘贴、剪切。

Ctrl + Z、Ctrl + Y：撤销、恢复。

Shift + Alt + ↓：快速复制一行。

Alt + ↑ 或 ↓：快速移动一行。

Tab：向后缩进。

Tab + Shift：向前缩进。

Alt + 鼠标左键：多光标。

Ctrl + D：选择所有查找到的匹配项。

Ctrl + /：添加或删除注释。

任务实现

步骤 1：新建站点、建立子目录与文件。

在设计制作网站页面之前，首先要在本地磁盘上创建本地站点，以便将网页及相关文档（如图像、CSS 样式表文件等）都保存在站点文件夹中。新建本地站点时，可以选择一个已经存在的文件夹作为站点文件夹，也可以新建一个文件夹作为站点文件夹。如果选择已经存在的文件夹，这个站点就包含了所选文件夹中的文件；如果是新建文件夹，则此时这个站点就是空的。

在 VS Code 中，打开为腾科 IT 教育网站新建的文件夹 togogo。接着，在该文件夹中，根据腾科 IT 教育网站的栏目划分，建立相应的网页文件与子目录，并在 about.html 文件中使用自定义的 HTML5 模板，结果如图 1 – 3 – 20 所示。

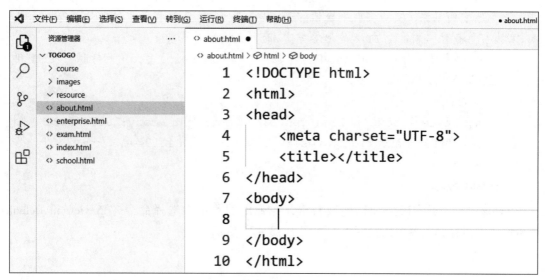

图 1 – 3 – 20

步骤2：编辑网页文件并保存。

编辑 about. html 文件，具体代码如下。

```
<!DOCTYPE html >
<html >
<head >
    <meta charset = "UTF -8">
    <title >腾科 IT 教育官网 </title >
</head >
<body >
    <h1 >腾科 IT 教育 </h1 >
    <hr >
    <h2 >企业介绍 </h2 >
    <p > <strong >腾科 IT 教育 </strong >是广州腾科网络技术有限公司重点
孵化的项目,聚焦 IT 教育和 IT 人才,提供面授/在线培训与教育、IT 人才培养与就业、新
工科建设(高校专业共建与实验室建设等)、企业人才定制培养等解决方案的专业公司。
</p >
    <p >广州腾科网络技术有限公司,以下简称腾科,位于广州,下辖 5 家分子公司,
如:广州市腾科职业培训学校、深圳分公司、广州猎卓人力资源服务有限公司、博睿(广州)
科技有限公司等,以及 30 多个培训网点,业务涵盖全国主要大、中型城市。 </p >
    <p >腾科是华为(Huawei)、红帽(Redhat)、甲骨文(Oracle)、思科(Cisco)、
亚马逊(Amazon)、威睿(VMware)、肯睿(Cloudera)、微软(Microsoft)、中国开源软件
推进联盟 PostgreSQL 分会(PostgreSQL)、美国计算机行业协会(CompTIA)、阿里巴巴
(Alibaba)、安恒、商汤科技、360 政企安全集团等十余家国际知名 IT 技术厂商和组织的
授权培训(学习)合作伙伴,是广东省计算机学会常务理事单位。 </p >
    <p >聚焦 IT 教育和 IT 人才,开展 IT 认证培训和 IT 职业课程教育的同时,结合
腾科自主研发的慕课 +实验实训平台博睿云,联合各大 IT 厂商利用先进的体系与技术支
持,实践智慧教育一体化的 IT 人才培养方案,助力高校新工科建设。 </p >
    <p >拥有培生(Pearson VUE)和普尔文(Prometric)两大国际考试中心,提供
数千种 IT 认证考试服务。 </p >
    <hr >
    <p style = "text -align:center">Copyright &copy;2018 -2021 广州
腾科网络技术有限公司 All rights reserved 粤 ICP 备 12042194 号 </p >
</body >
</html >
```

保存该文件，并在代码编辑区域右击，在弹出的菜单中选择命令"Preview in Default Brower"，则可在浏览器中预览网页，如图 1 -3 -21 所示。

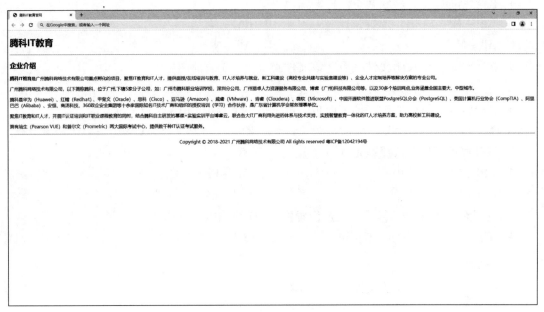

图 1 - 3 - 21

知识拓展

"工欲善其事，必先利其器"，选择合适的工具可有效提升效率。VS Code 功能强大，对于初学者而言，不要依赖自动补全等便捷操作来制作网页；为了更快地提高编码水平，一定要用代码去写网页。除了 VS Code，还有不少流行的前端开发工具，如 Dreamweaver、HBuilder、Sublime Text、WebStorm 等，各具特色。所以，大胆尝试其他开发工具吧。

技能训练

使用本任务讲解的知识，实现任务 1.1、任务 1.2 的技能训练。

课后测试

一、单选题

1. VS Code 中，保存当前文档的快捷键是（　　）。

A. Ctrl + F   B. Ctrl + Z

C. Ctrl + S   D. Ctrl + V

2. 如果正在编辑的文件没有保存，文件名后有（　　）符号提示用户。

A. #   B. !   C. ?   D. ●

3. 预览网页，可使用的组合键是 Ctrl + （　　）。

A. F4   B. F3   C. F2   D. F1

4. 在 VS Code 中，新建文本文件的快捷键是（　　）。

A. Ctrl + M　　　　　　　　　　　B. Ctrl + N

C. Alt + M　　　　　　　　　　　　D. Alt + N

5. 在 VS Code 中关闭文件夹后，该文件夹（　　）电脑中。

A. 还在　　　　　　B. 不在

6. 要打开 VS Code 的扩展插件面板，可以按下组合键 Ctrl + Shift +（　　）。

A. X　　　　　　　　B. Y　　　　　　　　C. Z　　　　　　　　D. W

7. 打开属性窗口的快捷键是（　　）。

A. Ctrl + F1　　　　　　　　　　　B. Ctrl + F2

C. Ctrl + F3　　　　　　　　　　　D. Ctrl + F4

8. 在页面属性对话框中（　　）设置网页的背景图像。

A. 可以　　　　　　B. 不可以

二、判断题

1. 在 VS Code 中创建的文件夹不能删除。　　　　　　　　　　　　　　　（　　）

2. 在 VS Code 中已经保存的文件无法修改其文件类型。　　　　　　　　　（　　）

任务 1.4　链接网页

📠 任务描述

超级链接（hyperlink），简称超链接，是指从某个网页元素指向一个目标的连接关系。在网页中用来创建超链接的元素，可以是文字，也可以是图像。超链接的目标可以是另一个网页，也可以是网页上的指定位置，还可以是一幅图像、一个电子邮件地址、一个文件，甚至是一个应用程序。当浏览者单击设置了超链接的文字或图像后，链接目标将显示在浏览器中，并根据目标的类型打开或运行。

在前面的任务中，已经创建了以文本为主的 about.html，接下来，将在该网页中插入图片和超链接，使其生动丰富，更具吸引力。

📠 任务效果图

任务效果图如图 1-4-1 所示。

📠 能力目标

◇ 掌握图像标记；

◇ 掌握超链接标记。

📠 知识引入

要完成本任务，需要先学习以下知识。

腾科IT教育

首页 优选课程 高校合作 企业定制 考试中心 学习资源 关于我们

企业介绍 企业文化 企业环境

企业介绍

腾科IT教育是广州腾科网络技术有限公司重点孵化的项目，聚焦IT教育和IT人才，提供面授/在线培训与教育、IT人才培养与就业、新工科建设（高校专业共建与实验室建设等）、企业人才定制培养等等解决方案的专业公司。

广州腾科网络技术有限公司，以下简称腾科，位于广州下辖5家分子公司，如：广州市腾科职业培训学校、深圳分公司、广州骥卓人力资源服务有限公司、博睿（广州)科技有限公司等，以及30多个培训网点，业务遍盖全国主要大、中型城市。

腾科是华为（Huawei）、红帽（Redhat）、甲骨文（Oracle）、思科（Cisco）、亚马逊（Amazon）、威睿（VMware）、肖睿（Cloudera）、微软（Microsoft）、中国开源软件推进联盟PostgreSQL分会（PostgreSQL）、美国计算机行业协会（CompTIA）、阿里巴巴（Alibaba）、安恒、商汤科技、360政企安全集团等十余家国际知名IT技术厂商和组织的授权培训（学习）合作伙伴，是广东省计算机学会常务理事单位。

聚焦IT教育和IT人才，开展IT认证培训和IT职业课程教育的同时，结合腾科自主研发的慕课+实验实训平台博睿云，联合各大IT厂商利用先进的体系与技术支持，实践智慧教育一体化的IT人才培养方案，助力高校新工科建设。

拥有培生（Pearson VUE）和普尔文（Prometric）两大国际考试中心，提供数千种IT认证考试服务。

企业文化

腾科大家庭，是一个愉悦性组织，给大家建立一个轻松快乐的环境工作，定期举行各种活动。

腾科大家庭，是一个学习性组织，腾科会为员工发展做规划，不定期组织员工学习、培训，同时鼓励员工积极学习相关知识和技能。

返回顶部

企业环境

腾科IT教育集团有多媒体教室、全真机房、仿真实训室、VIP学习室、休息室、办公区域等。腾科设有HCIE-Cloud实验室、HCIE-Storage实验室、HCIE-Security实验室、HCIE-RS实验室、CCIE-Collaboration实验室、CCIE-Security实验室、CCIE-SP实验室、CCIE-RS实验室、Redhat RHCA实验室、Oracle OCM实验室、微软服务器实验室、IBM存储实验室、AIX小型机实验室、安全攻防仿真实验室、软件工程实验室等15个标准实验室，以满足课程研发和各种教学需要。

返回顶部

图 1 - 4 - 1

1. 插入图片

（1）图片格式

网页中常用的图片格式如下：

• GIF 格式

最突出的特点是支持动画，是一种无损压缩的图像格式，即修改图片之后，图片质量几乎没有损失。支持透明（全透明或全不透明）。只能处理 256 种颜色。常常用于 Logo、小图标及其他色彩相对单一的图像。

• PNG 格式（包括 PNG - 8 和真彩色 PNG - 24）

不支持动画，也是无损压缩的图片格式。支持 alpha 透明（全透明、半透明、全不透明）。图片保存为 PNG - 8 会在同等质量下获得比 GIF 更小的体积，而半透明的图片只能使用 PNG - 24。

• JPG 格式

不支持动画，不支持透明。JPG 是一种有损压缩的图像格式，修改图片时会造成一些图像数据丢失。JPG 所能显示的颜色比 GIF 和 PNG 要多，可用于保存超过 256 种颜色的图像。JPG 是特别为照片图像设计的文件格式，类似于照片的图像，如横幅广告（banner）、商品图片、较大的插图等都可以保存为 JPG 格式。

（2）图像标记

< img > 标记在 HTML 页面中插入图像，属于单标记，其语法格式为：

```
< img src = "url">
```

src 表示"source"，即源属性，该属性值为图像的 URL 地址。URL 指存储图像的位置。如果名为"banner. jpg"的图像位于 www. abc. com 的 images 目录中，则该图像的 URL 为"http://www. togogo. com/images/banner. jpg"。

例如：

```
< body >
    < img src = "html5. png" width = "170" height = "140" alt = "HTML5">
    < img src = "python. gif" width = "170" height = "140" alt = "python">
</body >
```

其中，

属性 width（宽度）与 height（高度）用于设置图像的高度与宽度，默认单位为像素。

属性 alt 用来为图像定义替换文本，当浏览器无法显示图像时，则在图像位置显示替换文本，类似于说明、提示的作用。

页面运行效果如图 1 - 4 - 2 所示。

（3）文件路径

文件路径在插入图片、插入超链接时被用到，如链接到网页、样式表、JavaScript 等。文件路径可分为绝对路径和相对路径。

绝对路径是完整地描述文件存储位置的路径。在网页中，绝对路径是指包括服务器协议和域名的完整 URL 路径，例如：< img src = "http://www. togogo. com/images/banner. jpg"> 。

相对路径是相对于当前文件的路径，例如表 1 - 4 - 1。

图 1 - 4 - 2

表 1 - 4 - 1

路径	描述
< img src = " picture. jpg" >	picture. jpg 位于当前网页所在的文件夹中
< img src = " images/picture. jpg" >	picture. jpg 位于当前网页所在文件夹的 images 文件夹中
< img src = " /images/picture. jpg" >	picture. jpg 位于当前站点根目录的 images 文件夹中
< img src = " .. /picture. jpg" >	picture. jpg 位于当前网页所在文件夹的上一级文件夹中

2. 超链接基础

（1）创建超链接

超链接可建立于文字、图像或其他 HTML 元素，当单击这些超链接时，将跳转到其他文档或文档的某个位置。通过 < a > 标记创建链接，其语法格式为：

```
< a href = "url">文字 </a >
```

href 属性指明链接目标位置，可以是绝对路径或相对路径。例如：

```
< a href = "http://www. togogo. com/resource/resource. html"> </a >
```

< a > 标记的 target 属性规定在何处打开链接目标，该属性取值见表 1 - 4 - 2。

表 1 - 4 - 2

值	描述
_blank	在新窗口中打开链接目标
_self	默认。在相同的框架中打开链接目标
_parent	在父框架集中打开链接目标
_top	在整个窗口中打开链接目标
windowname	在新窗口中打开链接目标，windowname 表示新窗口名称

在新的页面中打开超链接，代码形式如下：

```
<a href = "url"target = "windowname">文字 </a >
```

新窗口的名字可用脚本语言操纵，不想给新窗口起名字时，可将 target 属性设为 "_blank"，例如：

```
<a href = "https://www. xuexi. cn"target = "_blank">学习强国 </a >
```

（2）为图片建立超链接

超链接可建立于图片、图像，其语法格式为：

```
<a href = "url"> <img src = "url"> </a >
```

例如：

```
<a href = "https://www. xuexi. cn"> <img src = "xxqg. png"> </a >
```

页面运行效果如图 1 - 4 - 3 所示。

图 1 - 4 - 3

3. 锚点链接

锚点链接的作用是使用户在一个较长的文档中跳转，方便地找到要阅读的内容。创建锚点格式为：

```
<a name = "label">锚文本 </a >
```

name 属性规定锚点的名称，可以自己命名锚点名称。

锚点链接的格式有以下两种。

（1）在锚点所在网页中创建指向该锚点的链接

语法格式如下：

```
<a href = "#label">文字 </a >
```

例如：

```
<body >
<p > <a href = "#C18">查看第十八章。 </a > </p >
<h2 > <a name = "c1">第一章  突出重围 </a > </h2 >
```

```
<p>1934 年 5 月,闽浙赣苏区 </p>
<h2>第二章 绚丽之梦 </h2>
<p>1930 年 8 月,江西瑞金 </p>
<h2>第三章 十送红军 </h2>
<p>1934 年 10 月,江西瑞金 </p>
<h2>第四章 路在何方 </h2>
<p>1935 年 11 月,粤北与湘南 </p>
<h2>第五章 山河苍茫 </h2>
<p>1934 年 12 月,湘西与豫西 </p>
<h2>第六章 橘子红了 </h2>
<p>1934 年 11 月,湘南 </p>
<h2>第七章 血漫湘江 </h2>
<p>1934 年 11 月,湘江 </p>
<h2>第八章 恭贺新年 </h2>
<p>1935 年 1 月,乌江 </p>
<h2>第九章 夜郎之月 </h2>
<p>1935 年 1 月,遵义 </p>
<h2>第十章 残阳如血 </h2>
<p>1935 年 2 月,遵义 </p>
<h2>第十一章 巴山蜀水 </h2>
<p>1935 年 4 月,川北、湘西与陕南 </p>
<h2>第十二章 金沙水畔 </h2>
<p>1935 年 5 月,金沙江 </p>
<h2>第十三章 喜极之泪 </h2>
<p>1935 年 6 月,四川达维 </p>
<h2>第十四章 黑暗时刻 </h2>
<p>1935 年 8 月,松潘草地 </p>
<h2>第十五章 北斗高悬 </h2>
<p>1935 年九月,陕南与甘南 </p>
<h2>第十六章 天高云淡 </h2>
<p>1935 年 10 月,陕北和川西 </p>
<h2>第十七章 北上北上 </h2>
<p>1936 年 1 月,湘西与川北 </p>
<h2><a name="c18">第十八章 江山多娇</a></h2>
<p>1936 年 10 月,甘肃会宁 </p>
<p><a href="#C1">查看第一章。</a></p>
</body>
```

(2)创建指向其他网页中锚点的链接

语法格式如下,url 表示其他网页的地址。

```
<a href="url#label">文字</a>
```

例如：

```
<body>
<a href="anthor.html#C18">查看第十八章。</a>
</body>
```

页面运行效果如图1-4-4所示。

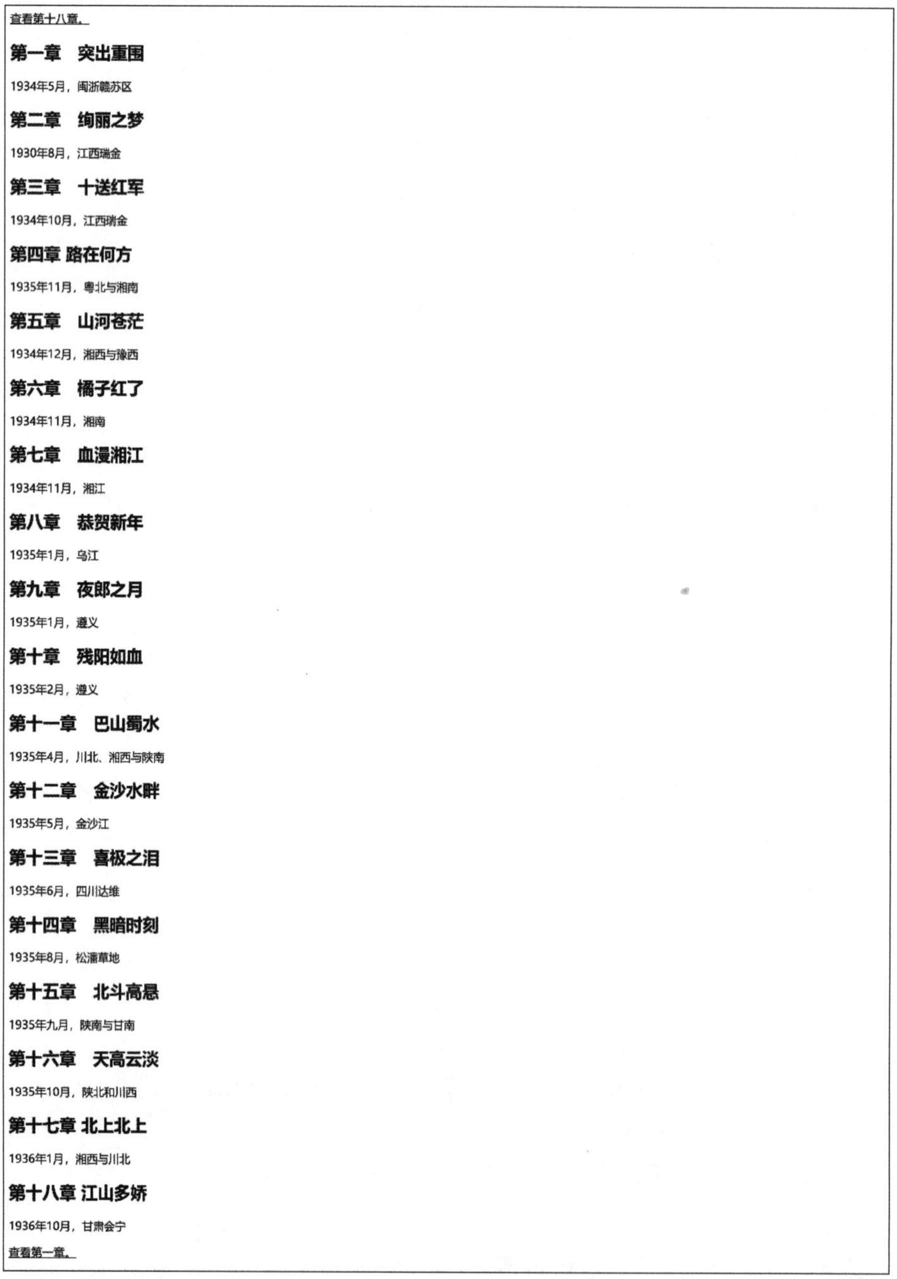

图 1-4-4

任务实现

步骤 1：根据任务效果图 1 - 4 - 1，在 about. html 文件中的一级标题"腾科 IT 教育"后输入文字，并创建超链接，代码如下。

```
<h1>腾科 IT 教育</h1>
<a href="index.html">首页</a>
优选课程
高校合作
企业定制
考试中心
学习资源
<a href="about.html">关于我们</a>
```

步骤 2：将本任务所需的图片文件存入 images 文件夹，接着根据任务效果图 1 - 4 - 1，在页面中恰当的位置输入文本，插入图片，代码如下。

```
<h2>企业文化</h2>
<p>腾科大家庭,是一个愉悦性组织,给大家建立一个轻松快乐的环境工作,定期举行各种活动。</p>
<img src="images/activity8 -1.jpg"><br>
<img src="images/activity7 -1.jpg">
<p>腾科大家庭,是一个学习性组织,腾科会为员工发展做规划,不定期组织员工学习、培训,同时鼓励员工积极学习相关知识和技能。</p>
<img src="images/train5.jpg"><br>
<img src="images/train6.jpg">
<h2>企业环境</h2>
<p>腾科 IT 教育集团有多媒体教室、全真机房、仿真实训室、VIP 学习室、休息室、办公区域等。腾科设有 HCIE - Cloud 实验室、HCIE - Storage 实验室、HCIE - Security 实验室、HCIE - RS 实验室、CCIE - Collaboration 实验室、CCIE - Security 实验室、CCIE - SP 实验室、CCIE - RS 实验室、Redhat RHCA 实验室、Oracle OCM 实验室、微软服务器实验室、IBM 存储实验室、AIX 小型机实验室、安全攻防仿真实验室、软件工程实验室等 15 个标准实验室,以满足课程研发和各种教学需要。</p>
<img src="images/index - envi1 -1.jpg"><br>
<img src="images/index - envi2 -1.jpg">
```

步骤 3：为二级标题"企业介绍""企业文化""企业环境"创建锚点，代码如下。

```
<h2 id="about">企业介绍</h2>
......
<h2 id="culture">企业文化</h2>
......
```

```
<h2 id="environment">企业环境</h2>
```

步骤4：在页面第一条水平线后创建指向步骤3锚点的链接，代码如下。

```
<hr>
<a href="#about">企业介绍</a>
<a href="#culture">企业文化</a>
<a href="#environment">企业环境</a>
```

步骤5：为一级标题"腾科IT教育"创建锚点，代码如下。

```
<h1 id="top">腾科IT教育</h1>
```

步骤6：根据任务效果图1-4-1，在企业文化、企业环境这两处内容末尾，创建"返回顶部"文字链接，指向步骤5创建的锚点，代码如下。

```
<a href="#top">返回顶部</a>
```

知识拓展

name属性规定锚点的名称。id属性规定HTML元素的唯一的id。id在HTML文档中必须是唯一的。使用id属性命名锚点同样有效。但HTML5不支持name属性，因此，建议使用id替代name。

技能训练

使用本任务讲解的知识，实现图1-4-5所示的页面效果，具体要求如下。

关键步骤

①打开任务1.2技能训练完成的网页；
②插入三张图片，居中对齐，图片宽度为500 px；
③为标题"软件技术专业"创建锚点；
④在文档末尾创建"返回顶部"文字链接，指向步骤3创建的锚点。

课后测试

一、单选题

1. 下列选项中，（　　）可实现插入图像。
A. < img href = "image. jpg" >   B. < image src = "image. jpg" >
C. < img src = "image. jpg" >   D. < img > image. jpg </img >
2. 在新窗口中打开链接的代码是（　　）。
A. < a href = "url" new >   B. < a href = "url" target = "_blank" >
C. < a href = "url" target = "new" >   D. < a href = "url" "blank" >
3. 链接标记中的href属性指定（　　）。

软件技术专业

(广东省高职教育重点专业，广东省高职高专教育实训基地，广东省优秀教学团队)

软件技术（Web前端开发）

培养目标：围绕互联网+、新兴技术行业带来的Web前端开发、移动端开发技术技能人才需求，以企业用人为导向，以岗位技能和综合素质为核心，培养具有良好职业道德和人文素养，掌握Web前端框架应用、性能优化与自动化技术等知识，具备前端架构、移动智能终端开发、组件化开发等能力，能从事Web前端架构设计、技术选型、组件化等工作的高级技术技能人才。

主要课程：Javascript Web前端开发、移动应用开发(安卓)、手机跨平台开发、微信公众平台及微信小程序开发、SQL与移动数据库、移动商务网站开发、PHP和MySQL Web应用开发、PHP和MySQL Web高级程序设计、SQL与移动数据库、Javascript前端框架开发、软件测试技术、Linux操作系统及云主机管理、Java程序设计、网页设计、平面设计、软件专业创新创业、软件专业项目导向课程、UML与设计模式等。

职业能力：具有前端新知识、新技能的学习能力和创新创业能力；具备前端架构设计能力；具备移动端开发能力；具备前端组件化能力；具备网站性能优化能力。

就业方向：主要面向IT互联网企业、互联网转型的传统型企事业单位、政府部门等的软件研发、软件测试、系统运维部门，从事前端架构设计、移动端项目开发、智能设备前端开发、组件和类库编写等工作，根据网站开发需求，进行架构设计并管理实施解决方案。(返回顶部)

图 1 - 4 - 5

A. 链接的名称 　　 B. 链接的形状 　　 C. 链接的目标 　　 D. 链接文档的语言

4. 下列选项中，（　　）是正确的超链接代码。

A. < a url = "http：//www. togogo. com" > abc </a >

B. < a href = "http：//www. togogo. com" > abc </a >

C. < a > http://www.togogo.com </a >

D. < a name = "http://www.togogo.com" > abc </a >

5. HTML 中，"target" 的默认属性值为（   ）。

A. _self   B. _parent   C. _top   D. _blank

6. 下列路径中，属于绝对路径的是（   ）。

A. index.html   B. about/about.html

C. http://www.abcd.com/index.htm   D. ../about/about.html

二、多选题

1. 下列选项中，表示相对路径的是（   ）。

A. /cover1.jpg   B. ../../cover1.jpg

C. ../cover/cover1.jpg   D. cover1.jpg（）。

2. 下列选项中，正确的是（   ）。

A. 锚点方便用户在一个较长的文档中跳转，快速定位到要阅读的内容

B. 使用锚点链接可实现页内跳转

C. 创建锚点使用 a 标记

D. 锚点链接无法在不同页面之间跳转

三、判断题

1. 插入图像标记包括开始标记和结束标记。   （   ）

2. 只能为文字建立超链接。   （   ）

项目二
HTML 应用

任务 2.1 　使用列表

任务描述

本任务将学习如何使用列表来组织信息，以及如何在列表中嵌套其他列表。这是网页设计的基础技能，可以帮助我们将信息组织得更加清晰、简洁。

本任务要使用列表制作"腾科 IT 教育官网"的导航菜单结构（简化版），如图 2 - 1 - 1 所示。

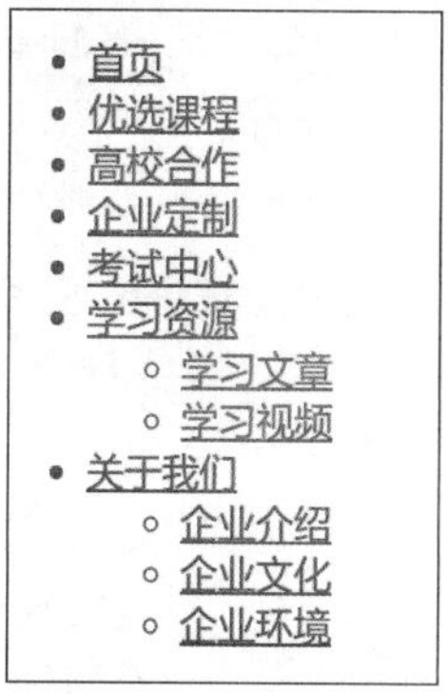

任务效果图

任务效果图如图 2 - 1 - 1 所示。

- 首页
- 优选课程
- 高校合作
- 企业定制
- 考试中心
- 学习资源
  - 学习文章
  - 学习视频
- 关于我们
  - 企业介绍
  - 企业文化
  - 企业环境

图 2 - 1 - 1

能力目标

◇ 理解列表的概念；
◇ 创建无序列表、有序列表、定义列表；
◇ 使用列表嵌套实现多级列表。

知识引入

要完成本任务，需要先学习以下知识：

1. 创建列表

在网页设计中，列表是一种常用的元素，用于将相关信息按照一定的顺序和结构呈现出来。有三种常用的列表：无序列表、有序列表、定义列表。

（1）无序列表

无序列表（unordered list，ul）是网页中最常用的列表，之所以称为"无序列表"，是因为其各列表项之间没有顺序级别之分，只要是并列结构的内容，都可以使用无序列表。无序列表使用 ul 标签，必须配合 li 标签使用。< li > </li >嵌套在 < ul > </ul >中，用于描述具体的列表项。

使用以下代码实现无序列表：

```
<ul>
    <li>列表项1</li>
    <li>列表项2</li>
    <li>列表项3</li>
</ul>
```

在浏览器中的运行效果如图 2 - 1 - 2 所示，列表项前面的符号默认是一个实心圆点。可以使用 type 属性更改列表项目符号，取值有 3 种：disc（实心圆点，默认值）、circle（空心圆圈）、square（实心方块）

无序列表和 type 属性的使用如例 2.1.1 所示，在浏览器中的运行效果如图 2 - 1 - 3 所示，列表项符号为空心圆圈。

图 2 - 1 - 2 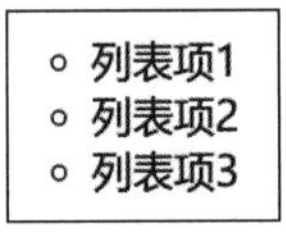   图 2 - 1 - 3

例 2.1.1：无序列表。

```
<!doctype html>
<html>
<head>
    <meta charset="uft-8">
    <title>无序列表</title>
</head>
<body>
    <ul type="circle">
        <li>列表项1</li>
        <li>列表项2</li>
        <li>列表项3</li>
    </ul>
</body>
</html>
```

（2）有序列表

有序列表（ordered list，ol）即为有排列顺序的列表。有序列表使用 ol 标签，必须配合 li 标签使用。<li></li> 嵌套在 <ol></ol> 中，用于描述具体的列表项。

使用以下代码实现有序列表：

```
<ol>
    <li>列表项1</li>
    <li>列表项2</li>
```

```
    <li>列表项3</li>
</ol>
```

在浏览器中的运行效果如图 2-1-4 所示。列表项默认以数字正序排序，可以使用 type 属性更改列表项目符号，取值有 5 种：1（默认）、A、a、Ⅰ（大写罗马数字）、ⅰ（小写罗马数字）。

有序列表和 type 属性的使用如例 2.1.2 所示，在浏览器中的运行效果如图 2-1-5 所示，列表项目符号为大写字母。

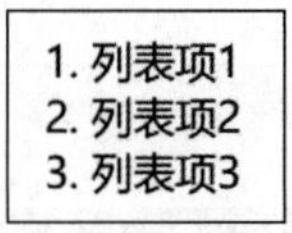

```
1. 列表项1          A. 列表项1
2. 列表项2          B. 列表项2
3. 列表项3          C. 列表项3
```

图 2-1-4 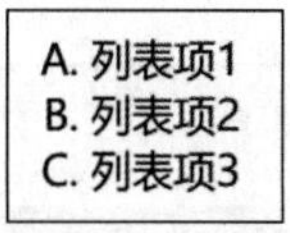　　　　　　　　　图 2-1-5

例 2.1.2：有序列表。

```
<!doctype html>
<html>
<head>
    <meta charset="uft-8">
    <title>有序列表</title>
</head>
<body>
    <ol type="A">
        <li>列表项1</li>
        <li>列表项2</li>
        <li>列表项3</li>
    </ol>
</body>
</html>
```

注意：ul 和 ol 中只能嵌套 li，在 ul 或 ol 中直接输入文字或其他标记是错误的写法。

错误 1：在 <ul></ul> 中直接输入文字。

```
<ul>
    web前端开发核心技术
    <li>html</li>
    <li>css</li>
    <li>javascript</li>
</ul>
```

错误 2：在 <ul></ul> 中直接输入其他标记，如 <h2>。

```
<ul>
```

```
    <h2>web 前端开发核心技术</h2>
    <li>html</li>
    <li>css</li>
    <li>javascript</li>
  </ul>
```

（3）定义列表

定义列表（definition list，dl）常用于对名词或术语进行解释和描述，例如小米官网的页脚就使用了定义列表，如图 2-1-6 所示。

图 2-1-6

定义列表 dl 必须配合 dt 和 dd 标签使用。dt 和 dd 并列嵌套在 dl 中。

其中，dt 用于指定名词或术语，dd 用于对名词或术语进行解释和描述。一对 dt 可以对应多对 dd，即可以对一个名词或术语进行多项解释和描述。

定义列表的使用如例 2.1.3 所示，在浏览器中的运行效果如图 2-1-7 所示。

例 2.1.3：定义列表。

```
名词1
    名词1的解释说明1
    名词1的解释说明2
名词2
    名词2的解释说明1
    名词2的解释说明2
```

图 2-1-7

```
<!doctype html>
<html>
<head>
    <meta charset="uft-8">
    <title>定义列表</title>
</head>
<body>
<dl>
    <dt>名词 1</dt>
    <dd>名词 1 的解释说明 1</dd>
```

```
<dd>名词1的解释说明2</dd>
<dt>名词2</dt>
<dd>名词2的解释说明1</dd>
<dd>名词2的解释说明2</dd>
</dl>
</body>
</html>
```

2. 列表的嵌套

在 HTML 中还可以进行列表的嵌套，只需将子列表嵌套在上一级列表的列表项中即可，如例 2.1.4 所示。

例 2.1.4：列表的嵌套。

```
<ul>
    <li>html</li>
    <li>css
        <ol>
            <li>盒子模型</li>
            <li>浮动</li>
            <li>定位</li>
        </ol>
    </li>
    <li>javascript</li>
</ul>
```

在浏览器中的运行效果如图 2-1-8 所示，无序列表的第二个列表项包含了一个有序列表。

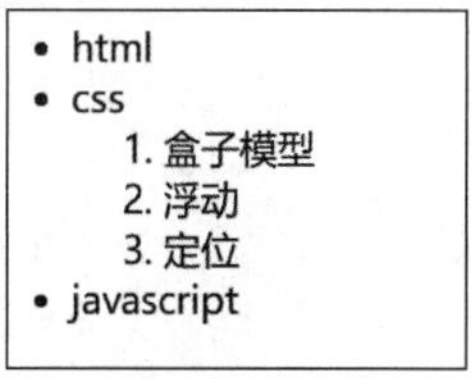

- html
- css
    1. 盒子模型
    2. 浮动
    3. 定位
- javascript

图 2-1-8

任务实现

步骤1：使用无序列表创建一级导航菜单结构。

```
<ul>
    <li>首页</li>
    <li>优选课程</li>
    <li>高校合作</li>
    <li>企业定制</li>
    <li>考试中心</li>
    <li>学习资源</li>
    <li>关于我们</li>
</ul>
```

步骤2：给最后两个列表项添加二级导航菜单结构。

```
<ul>
    <li>首页</li>
    <li>优选课程</li>
    <li>高校合作</li>
    <li>企业定制</li>
    <li>考试中心</li>
    <li>学习资源
        <ul>
            <li>学习文章</li>
            <li>学习视频</li>
        </ul>
    </li>
    <li>关于我们
        <ul>
            <li>企业介绍</li>
            <li>企业文化</li>
            <li>企业环境</li>
        </ul>
    </li>
</ul>
```

步骤3：给文本加上超链接，使用空连接#即可。

```
<ul>
    <li><a href="#">首页</a></li>
    <li><a href="#">优选课程</a></li>
    <li><a href="#">高校合作</a></li>
    <li><a href="#">企业定制</a></li>
    <li><a href="#">考试中心</a></li>
    <li><a href="#">学习资源</a>
        <ul>
            <li><a href="#">学习文章</a></li>
            <li><a href="#">学习视频</a></li>
        </ul>
    </li>
    <li><a href="#">关于我们</a>
        <ul>
            <li><a href="#">企业介绍</a></li>
            <li><a href="#">企业文化</a></li>
            <li><a href="#">企业环境</a></li>
```

```
        </ul >
    </li >
</ul >
```

知识拓展

由于列表项目符号不太美观，因此，在实际开发中，大多使用背景图片替换，或使用更为高级的 iconfont 图标技术。iconfont 是一种非常流行的实现列表项目符号的方法，它通过使用字体图标来替换默认的符号，从而提供了更丰富的样式选择。

技能训练

使用本任务讲解的知识，实现图 2 – 1 – 9 所示的页面效果。

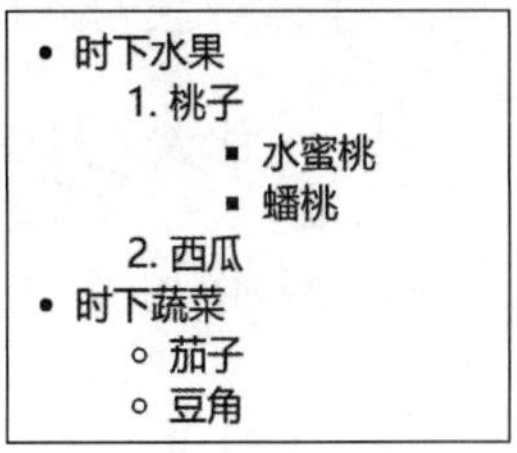

关键步骤

使用无序列表和有序列表实现列表的嵌套。

```
• 时下水果
    1. 桃子
        ▪ 水蜜桃
        ▪ 蟠桃
    2. 西瓜
• 时下蔬菜
    ○ 茄子
    ○ 豆角
```

图 2 – 1 – 9

课后测试

一、单选题

1. 关于列表的嵌套，下列说法错误的是（　　）。

A. 无序列表中只能嵌套无序列表

B. 有序列表中可以嵌套无序列表

C. 无序列表和有序列表可以相互嵌套

D. < li > 与 </li > 之间相当于一个容器，可以嵌套无序列表、有序列表等网页元素

2. 下列选项中，（　　）是定义列表标记。

A. < dl > </dl >   B. < li > </li >

C. < dt > </dt >   D. < dd > </dd >

3. 关于列表的描述，下面错误的是（　　）。

A. < ul > </ul > 用于定义无序列表

B. < ol > </ol > 用于定义无序列表

C. < li > </li > 嵌套在 < ul > </ul > 中，用于描述具体的列表项

D. 每对 < ul > </ul > 中至少应包含一对 < li > </li >

二、判断题

1. 在定义列表中，一对 < dt > </dt > 标记可以对应多对 < dd > </dd > 标记。　（　　）

2. 在 HTML 中， < ul > </ul > 标记用于定义有序列表。　（　　）

3. 在 HTML 常用的三种列表中，定义列表的列表项前没有任何项目符号。　（　　）

4. 在 < ul > </ul > 或 < ol > </ol > 中可以直接输入文字或其他标记。　（　　）

任务 2.2　使用表格

📠 任务描述

在日常生活中，常使用表格清晰地显示数据或信息，如课程表、成绩表等。同样，为了使网页中的元素清晰、有条理地显示，也可以使用表格。打开腾科 IT 教育官网的某些页面，会看到有些内容是用表格呈现的，如图 2 - 2 - 1 所示。

本任务要求使用表格相关标签，制作一个如图 2 - 2 - 1 所示的上课安排表。

📠 任务效果图

任务效果图如图 2 - 2 - 1 所示。

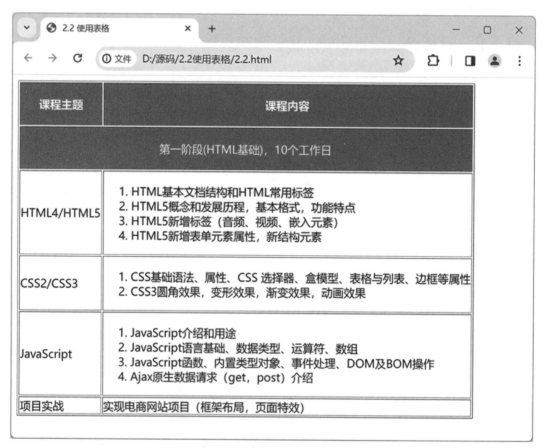

图 2 - 2 - 1

📠 能力目标

◇ 掌握如何在 HTML 文档中创建一个表格；

◇ 理解表格的结构；

◇ 掌握使用 colspan 和 rowspan 属性合并表格单元格的技巧。

知识引入

要完成本任务，需要先学习以下知识。

1. 创建表格

在 HTML 中使用 < table > 标签创建表格，下面是一个简单的例子。

例 2.2.1：创建表格。

```
<table>
    <tr>
        <td>第1行第1列</td>
        <td>第1行第2列</td>
    </tr>
    <tr>
        <td>第2行第1列</td>
        <td>第2行第2列</td>
    </tr>
</table>
```

这里使用了 3 对 HTML 标签，说明如下：

● < table > </table > 用来定义表格。

● < tr > </tr > 用来定义表格的行，有几对 < tr > </tr >，就表示表格有几行。

● < td > </td > 用来定义表格单元格，必须嵌套在 < tr > </tr > 中。一对 < tr > </tr > 中有几对 < td > </td >，就表示该行中有几个单元格。

例 2.2.1 的显示效果如图 2 – 2 – 2 所示，此时并没有显示出表格的边框，如果要显示，需要给 < table > 标签添加 border 属性，例如设置 border = "1"，此时的显示效果如图 2 – 2 – 3 所示。

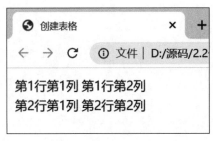

图 2 – 2 – 2

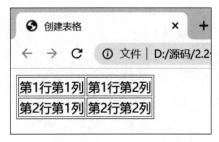

图 2 – 2 – 3

注意：

● < tr > </tr > 只能嵌套 < td > </td >，不可以直接在 < tr > </tr > 中输入文字。

● < td > </td > 中可以包含文本、图片、段落、列表等元素，甚至可以再包含一个表格。

（1）表格的属性

＜table＞＜tr＞＜td＞标签的常用属性见表2－2－1。

表2－2－1

属性	描述	＜table＞	＜tr＞	＜td＞
border	设置表格边框的宽度，默认值为0	√		
cellpadding	设置表格单元格内容与边框的距离	√		
cellspacing	设置表格单元格之间的间距	√		
width	设置表格/单元格的宽度 表行的宽度取决于表格的宽度	√		√
height	设置表格/表行/单元格/的高度	√	√	√
bgcolor	设置表格/表行/单元格/的背景颜色	√	√	√
background	设置表格/表行/单元格/的背景图像	√	√	√
align	设置表格在网页中的水平对齐方式 设置表行/单元格内容的水平对齐方式	√	√	√
valign	设置表行/单元格内容的垂直对齐方式		√	√
colspan	设置单元格跨越的列数（用于合并水平方向的单元格）			√
rowspan	设置单元格跨越的行数（用于合并竖直方向的单元格）			√

在表2－2－1中，除了＜td＞标签的colspan和rowspan属性，其他属性在实际工作中都可以使用相应的CSS属性替代，这里了解即可。

例2.2.2：表格的属性。

```
＜table border="1" width="500" height="200" bgcolor="lightblue"
align="center">
    ＜tr align="center">
        ＜td＞第1行第1列＜/td＞
        ＜td＞第1行第2列＜/td＞
    ＜/tr＞
    ＜tr＞
        ＜td＞第2行第1列＜/td＞
        ＜td＞第2行第2列＜/td＞
    ＜/tr＞
＜/table＞
```

例2.2.2的显示效果如图2－2－4所示。整个表格在页面中水平居中，第一行中的内容水平居中。

说明：border、cellpadding、cellspacing、width、height属性的取值单位为像素px，可以省略单位px。

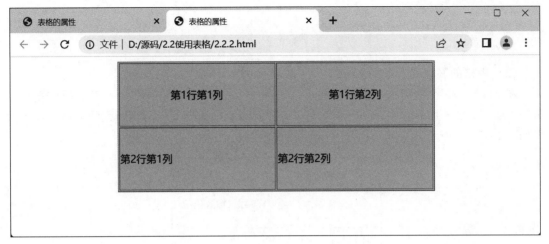

图 2 - 2 - 4

可以使用 < td > 标签的 colspan 和 rowspan 属性合并单元格，如例 2.2.3 所示，显示效果如图 2 - 2 - 5 所示。

图 2 - 2 - 5

例 2.2.3：合并单元格。

```
< table border = "1" >
    < tr >
        < td rowspan = "2" > </td >
        < td colspan = "2" > 星期一 </td >
    </tr >
    < tr >
        < td > 上午 </td >
        < td > 下午 </td >
    </tr >
    < tr >
        < td > 课程 </td >
        < td > 计算机 </td >
```

```
        <td>数学</td>
    </tr>
</table>
```

（2）表格的嵌套

在< td > </td >中插入表格< table > </table >，就是表格的嵌套，用于实现更复杂的布局。如例2.2.4所示，在第1行第1对< td > </td >中插入一个两行两列的表格，显示效果如图2-2-6所示。

图2-2-6

例2.2.4：表格的嵌套。

```
<table border = "1">
    <tr>
        <td>
            <table border = "1">
                <tr>
                    <td>11</td>
                    <td>12</td>
                </tr>
                <tr>
                    <td>21</td>
                    <td>22</td>
                </tr>
            </table>
        </td>
        <td>第1行第2列</td>
    </tr>
    <tr>
        <td>第2行第1列</td>
        <td>第2行第2列</td>
    </tr>
</table>
```

注意：

内层表格的部分属性需要重新设置，比如 border，因为外层表格的部分属性没有被继承。

2. 表格的结构

在 HTML 中，表格分为表题、表头和表格单元格三部分。表题描述了表格的内容，表头描述了表格单元格的内容，而表格单元格则用来存储具体的数据。

下面是一个例子，展示了表题和表头的使用方法：

```
<table>
  <caption>课程大纲表</caption>
  <tr>
    <th>课程名称</th>
    <th>课程时间</th>
    <th>课程地点</th>
    <th>授课教师</th>
  </tr>
  <tr>
    <td>HTML 基础</td>
    <td>星期一</td>
    <td>教室 A</td>
    <td>李老师</td>
  </tr>
  <tr>
    <td>CSS 样式</td>
    <td>星期二</td>
    <td>教室 B</td>
    <td>王老师</td>
  </tr>
  <tr>
    <td>JavaScript 编程</td>
    <td>星期三<//>
<td>教室 C</td>
    <td>张老师</td>
  </tr>
</table>
```

在上面的例子中，使用 <caption> 标签定义了表题，并使用 <th> 标签定义了表头。表头单元格的内容通常会被浏览器以特殊的方式显示，例如加粗居中对齐。

需要注意的是，表题和表头只能出现在表格中，不能单独使用。

任务实现

步骤1：设计一个6行2列的表格，表头使用<th>，代码如下：

```
<table border = "1">
  <tbody>
    <tr>
      <th></th>
      <th></th>
    </tr>
    <tr>
      <td></td>
      <td></td>
    </tr>
    <tr>
      <td></td>
      <td></td>
    </tr>
    <tr>
      <td></td>
      <td></td>
    </tr>
    <tr>
      <td></td>
      <td></td>
    </tr>
    <tr>
      <td></td>
      <td></td>
    </tr>
  </tbody>
</table>
```

步骤2：设置第2行跨2列，使用colspan属性。

```
<tr>
  <td colspan = "2"></td>
</tr>
```

步骤3：嵌套有序列表并填充相关的内容文字，完整代码如下：

```
<table border = "1">
```

```
            <tr>
                    <th>课程主题</td>
                    <th>课程内容</td>
            </tr>
            <tr>
                    <td colspan="2">第一阶段(HTML基础),10个工作日</td>
            </tr>
            <tr>
                    <td>HTML4/HTML5</td>
                    <td>
                            <ol>
                                    <li>HTML基本文档结构和HTML常用标签</li>
                                    <li>HTML5概念和发展历程、基本格式、功能特点
</li>
                                    <li>HTML5新增标签(音频、视频、嵌入元素)</li>
                                    <li>HTML5新增表单元素属性,新结构元素</li>
                            </ol>
                    </td>
            </tr>
            <tr>
                    <td>CSS2/CSS3</td>
                    <td>
                            <ol>
                                    <li>CSS基础语法、属性、CSS 选择器、盒模
型、表格与列表、边框等属性</li>
                                    <li>CSS3圆角效果,变形效果,渐变效果,动画效
果</li>
                            </ol>
                    </td>
            </tr>
            <tr>
                    <td>JavaScript</td>
                    <td>
                            <ol>
                                    <li>JavaScript介绍和用途</li>
                                    <li>JavaScript语言基础、数据类型、运算符、数
组</li>
                                    <li>JavaScript函数、内置类型对象、事件处理、
DOM及BOM操作</li>
```

```
                    <li>Ajax 原生数据请求(get,post)介绍</li>
                </ol>
            </td>
        </tr>
        <tr>
            <td>项目实战</td>
            <td>实现电商网站项目(框架布局,页面特效)</td>
        </tr>
    </table>
```

步骤 4：设置表格的属性，前两行背景颜色为红色，高度为 60 px，设置第二行文本内容居中对齐。

```
<tr bgcolor = "red" height = "60">
    <th>课程主题</td>
    <th>课程内容</td>
</tr>
<tr bgcolor = "red" height = "60">
    <td colspan = "2" align = "center">第一阶段(HTML 基础),10 个工作
日</td>
</tr>
```

知识拓展

在以往，表格常常被用于网页排版。不过，随着 CSS 的发展，人们发现 DIV + CSS 排版可以更加灵活、更好地控制网页的布局和样式。所以，现在不推荐使用表格排版，而是改用 DIV + CSS 来排版，表格只是用于清晰、有条理地显示内容或数据。

技能训练

使用本任务讲解的知识，实现图 2 - 2 - 7 所示的页面效果。

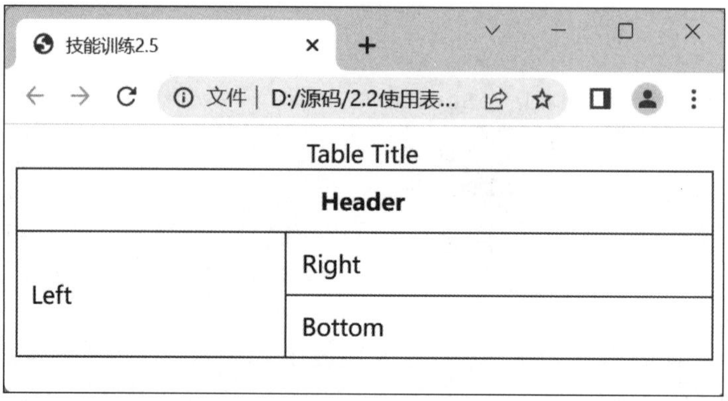

图 2 - 2 - 7

关键步骤

①第一行第一列的单元格跨越了两列。
②第二行第二列的单元格跨越了两行。
③使用 < th > 标签来定义表头单元格。
④使用 < caption > 标签来定义表格标题。

课后测试

一、单选题

1. 以下标签用于创建 HTML 表格的是（　　　）。
A.　< table >　　　　B.　< tr >　　　　C.　< td >　　　　D.　< th >
2. （　　　）属性用于设置表格边框的宽度。
A. border　　　　　B. width　　　　　C. padding　　　　　D. spacing
3. （　　　）属性用于设置单元格之间的间距。
A. cellpadding　　　B. cellspacing　　　C. cellmargin　　　D. cellborder

二、多选题

1. 在 HTML 表格中，（　　　）标签可以用于定义行、单元格和表头单元格。
A.　< table >　　　　B.　< tr >　　　　C.　< td >　　　　D.　< th >
2. 在 HTML 表格中，（　　　）属性可以用于合并单元格。
A. colspan　　　　　B. rowspan　　　　C. merge　　　　　D. join
3. 在 HTML 表格中，（　　　）属性可以用于设置表格的样式。
A. border　　　　　B. cellpadding　　　C. cellspacing　　　D. width

三、判断题

1. 在 HTML 表格中，< th > 标签用于定义表头单元格。　　　　　　（　　　）
2. 在 HTML 表格中，colspan 属性用于让单元格跨越多行。　　　　　（　　　）
3. 在 HTML 表格中，width 属性用于设置表格的高度。　　　　　　（　　　）
4. 在 HTML 表格中，cellpadding 属性用于设置单元格内容与单元格边框之间的间距。
　　　　　　　　　　　　　　　　　　　　　　　　　　　　　　（　　　）
5. 在 HTML 表格中，< caption > 标签用于定义表格标题。　　　　　（　　　）
6. 在 HTML 表格中，rowspan 属性用于设置单元格跨越的列数。　　（　　　）

任务2.3　使用表单

任务描述

　　本任务将学习如何使用 HTML 表单来收集用户信息，学习如何创建表单、使用 input 元素和其他表单元素，并通过练习来提高这方面的技能。

使用表单，制作报名表，完成后的效果如图 2 – 3 – 1 所示。

📺 任务效果图

任务效果图如图 2 – 3 – 1 所示。

图 2 – 3 – 1

📺 能力目标

◇ 理解表单的概念和作用；
◇ 掌握如何使用 HTML 创建表单；
◇ 熟悉 input 元素的用法和常用属性；
◇ 了解其他表单元素的使用方法。

📺 知识引入

要完成本任务，需要先学习以下知识：

1. 创建表单

表单在 Web 网页中用来给访问者填写信息，从而能获得用户信息，使网页具有交互的功能。

< form > 标签用于创建 HTML 表单，它包含两个重要的属性：action 和 method。

● action 属性：用于指定表单提交的 URL 地址。
● method 属性：用于指定表单提交的方法，可以使用 GET 或 POST。

一个简单的表单的基本格式如下所示：

```
< form action = "submit. php" method = "post">
```

```
<label>字段1:<input type = "text"> </label>
<label>字段2:<input type = "text"> </label>
...
<input type = "submit" value = "提交" />
</form>
```

在这个示例中，创建了一个简单的表单，包含两个文本输入框和一个"提交"按钮。当用户单击"提交"按钮时，表单将使用 POST 方法提交到 submit. php 页面。

2. input 元素及属性

input 元素是表单中最常用的元素之一。它可以用于创建各种类型的输入框，比如文本框、单选按钮、复选框等。input 元素的常用属性如下。

- type 属性：用于指定输入框的类型，比如文本框、单选按钮、复选框等。
- name 属性：用于指定输入框的名称，在表单提交时，会作为参数传递。
- value 属性：用于指定输入框的默认值，在用户未输入时，会显示这个值。
- placeholder 属性：用于指定输入框的提示文本，在用户未输入时，会显示这个提示文本。

以下是一个使用 input 元素创建一个文本框的示例代码：

```
<form action = "submit. php" method = "post">
  <label>用户名:
<input type = "text" name = "username" value = "请输入用户名" place-holder ="请输入用户名"> </label>
<input type = "submit" value = "提交">
</form>
```

在这个示例中，使用了 input 元素的 type、name、value 和 placeholder 属性创建了一个文本输入框。当用户单击"提交"按钮时，表单会将输入框中的值以"username = 用户输入的值"的形式提交到 submit. php 页面。

除了文本框，input 元素还可以用于创建单选按钮和复选框。以下是创建单选按钮和复选框的示例代码：

```
<form action = "submit. php" method = "post">
  <label>性别:
    <input type = "radio" name = "gender" value = "男" checked = "checked"/ >男
    <input type = "radio" name = "gender" value = "女"/ >女
  </label>
  <label>爱好:
  <input type = "checkbox" name = "hobbies" value = "音乐"/ >音乐
  <input type = "checkbox" name = "hobbies" value = "电影"/ >电影
  <input type = "checkbox" name = "hobbies" value = "阅读"/ >阅读
```

```
    < input type = "checkbox" name = "hobbies" value = "运动" / >运动
  </label >
  < input type = "submit" value = "提交" / >
</form >
```

在这个示例中，创建了一个单选按钮和一组复选框，用于收集用户的性别和爱好信息。当用户单击"提交"按钮时，表单会将输入的信息以"gender = 用户选择的值 &hobbies = 用户选择的值1，用户选择的值2，用户选择的值3"的形式提交到 submit. php 页面。

input 元素的 type 属性有很多不同的取值，用于创建不同类型的输入框。常见的取值包括：

- text：用于创建文本输入框，用户可以在这个输入框中输入文本。
- password：用于创建密码输入框，用户输入的内容会被隐藏。
- radio：用于创建单选按钮，用户只能选择其中一个选项。
- checkbox：用于创建复选框，用户可以选择多个选项。
- file：用于创建文件上传框，用户可以通过这个输入框上传文件。
- hidden：用于创建隐藏输入框，用户无法看到这个输入框。
- submit：用于创建"提交"按钮，用户可以通过单击这个按钮提交表单。

以下是使用这些取值创建不同类型输入框的示例代码：

```
< form action = "submit. php" method = "post">
  < label >用户名: < input type = "text" name = "username"> </label >
  < label >密码: < input type = "password" name = "password"> </label >
  < label >性别:
    < input type = " radio" name = " gender" value = " 男" checked =
"checked">男
    < input type = "radio" name = "gender" value = "女">女
  </label >
  < label >爱好:
    < input type = "checkbox" name = "hobbies" value = "音乐">音乐
    < input type = "checkbox" name = "hobbies" value = "电影">电影
    < input type = "checkbox" name = "hobbies" value = "阅读">阅读
    < input type = "checkbox" name = "hobbies" value = "运动">运动
  </label >
  < label >上传照片: < input type = "file" name = "photo"> </label >
  < input type = "hidden" name = "user_id" value = "123456">
  < input type = "submit" value = "提交">
</form >
```

在这个示例中，创建了一个文本输入框、一个密码输入框、一个单选按钮和一组复选框，以及一个文件上传框和一个隐藏输入框。当用户单击"提交"按钮时，表单会将输入的信息提交到 submit. php 页面。

3. 其他表单元素

除了 input 元素，HTML 还有一些其他的表单元素可供使用。这些元素可以帮助我们更好地收集用户信息，并提供更多的交互功能。

- button 元素：用于创建按钮，可用于实现单击事件等功能。
- select 元素：用于创建下拉列表，可用于提供一组可选项。
- textarea 元素：用于创建多行文本输入框，可用于收集长文本信息。

下面是使用这些元素创建表单的示例代码：

```html
< form action = "submit. php" method = "post">
 < label >城市：
  < select name = "city">
   < option value = "北京">北京 </option >
   < option value = "上海">上海 </option >
   < option value = "广州">广州 </option >
   < option value = "深圳">深圳 </option >
   < option value = "其他">其他 </option >
  </select >
 </label >
 < label >个人介绍：
  < textarea name = "introduction">请在这里输入个人介绍 </textarea >
 </label >
 < button type = "reset">重置 </button >
 < button type = "submit">提交 </button >
</form >
```

在这个示例中，使用了 select、textarea 和 button 元素，创建了一个下拉列表、一个多行文本框及两个按钮。当用户单击"提交"按钮时，表单会将输入的信息以"city = 用户选择的值 &introduction = 用户输入的值"的形式提交到 submit. php 页面。

📠 任务实现

步骤 1：设计一个报名表的 div 结构框架：

```html
< div > < label >厂商名称 </label >
</div >
< div > < label >姓名 </label >
</div >
< div > < label >考试科目 </label >
</div >
< div > < label >所在城市 </label >
</div >
< div > < label >考试价格 </label >
```

```
</div>
<div><label>电话号码</label>
</div>
<div><label>备注信息</label>
</div>
<div>
</div>
```

步骤 2：在 div 框架里面创建一个表单，包含以下字段：

- 厂商名称：下拉列表，可选择 Cisco、Redhat、Oracle、VMware、IBM、Juniper、Ruijie、Microsoft、ZTC、SAS、H3C、其他。
- 姓名：文本输入框。
- 考试科目：下拉列表，可选择 HCIP、HCIE、RHCE、RHCA、OCP、其他。
- 所在城市：文本输入框。
- 考试价格：文本输入框。
- 电话号码：文本输入框。
- 备注信息：文本输入框。

```
<form action="">
    <div><label>厂商名称</label>
    <select>
        <option value="Huawei" selected="">Huawei</option>
        <option value="Cisco">Cisco</option>
        <option value="Redhat">Redhat</option>
        <option value="Oracle">Oracle</option>
        <option value="VMware">VMware</option>
        <option value="IBM">IBM</option>
        <option value="Juniper">Juniper</option>
        <option value="Ruijie">Ruijie</option>
        <option value="Microsoft">Microsoft</option>
        <option value="ZTC">ZTC</option>
        <option value="SAS">SAS</option>
        <option value="H3C">H3C</option>
        <option value="其他">其他</option>
    </select>
    </div>

    <div><label>姓名</label>
    <input type="text" placeholder="请填写姓名">
    </div>
```

```
<div> <label>考试科目</label>
<select>
    <option value="HCIP">HCIP</option>
    <option value="HCIE">HCIE</option>
    <option value="RHCE">RHCE</option>
    <option value="RHCA">RHCA</option>
    <option value="OCP">OCP</option>
    <option value="其他" data="">其他</option>
</select>
</div>

<div> <label>所在城市</label>
<input    type="text" placeholder="请填写所在城市">
</div>

<div> <label>考试价格</label>
<input    type="text" placeholder="请填写考试价格">
</div>

<div> <label>电话号码</label>
<input type="text" placeholder="请填写电话号码">
</div>

<div> <label>备注信息</label>
<input type="text" placeholder="填写你想了解的信息">
</div>

<div>

</div>

</form>
```

步骤3：使用button元素添加一个"立即报名"按钮，用于提交表单。

```
<form action="">
    <div> <label>厂商名称</label>
    <select>
        <option value="Huawei" selected="">Huawei</option>
        <option value="Cisco">Cisco</option>
```

```
        <option value="Redhat">Redhat</option>
        <option value="Oracle">Oracle</option>
        <option value="VMware">VMware</option>
        <option value="IBM">IBM</option>
        <option value="Juniper">Juniper</option>
        <option value="Ruijie">Ruijie</option>
        <option value="Microsoft">Microsoft</option>
        <option value="ZTC">ZTC</option>
        <option value="SAS">SAS</option>
        <option value="H3C">H3C</option>
        <option value="其他">其他</option>
    </select>
</div>


<div><label>姓    名</label>
<input type="text" placeholder="请填写姓名">
</div>


<div><label>考试科目</label>
<select>
        <option value="HCIP">HCIP</option>
        <option value="HCIE">HCIE</option>
        <option value="RHCE">RHCE</option>
        <option value="RHCA">RHCA</option>
        <option value="OCP">OCP</option>
        <option value="其他" data="">其他</option>
    </select>
</div>

<div><label>所在城市</label>
<input    type="text" placeholder="请填写所在城市">
</div>


<div><label>考试价格</label>
<input    type="text" placeholder="请填写考试价格">
</div>


<div><label>电话号码</label>
<input type="text" placeholder="请填写电话号码">
```

```
          </div>

          <div><label>备注信息</label>
          <input type="text" placeholder="填写你想了解的信息">
          </div>


          <div>
          <input onclick="signExam()" type="button" value="立即报
名">

          </div>

     </form>
```

步骤4：测试表单的功能。确保报名表中的每个字段都能正常工作，并检查是否存在任何显示错误。

知识拓展

HTML5 中新增了一些表单元素，可以更好地收集用户信息。

- date 元素：用于输入日期，可以选择年、月、日。
- email 元素：用于输入电子邮件地址，可以验证输入是否合法。
- url 元素：用于输入网址，可以验证输入是否合法。

表单还可以通过一些属性来限制用户输入，以确保数据的准确性和完整性。

- required 属性：用于指定输入框是必填项，如果用户未输入，表单将无法提交。
- pattern 属性：用于指定输入的格式，如果输入不符合指定的格式，表单将无法提交。
- min 和 max 属性：用于指定输入数值的最小值和最大值，如果输入不在指定范围内，表单将无法提交。

技能训练

使用本任务讲解的知识，实现图 2-3-2 所示的页面效果。

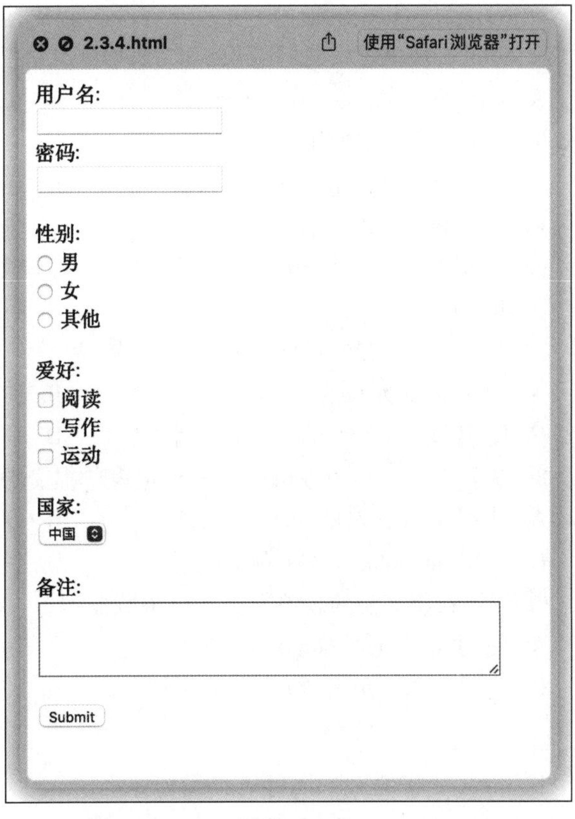

图 2-3-2

关键步骤

①在 HTML 文件中创建一个表单。
②在表单中添加一个文本字段，用于输入用户名。
③在表单中添加一个密码字段，用于输入密码。
④在表单中添加一个单选按钮组，用于选择性别。
⑤在表单中添加一个复选框，用于选择兴趣爱好。
⑥在表单中添加一个下拉菜单，用于选择国家。
⑦在表单中添加一个提交按钮，用于提交表单数据。

课后测试

一、多选题

1. 以下元素用于创建下拉列表的是（　　）。

A. Input　　　　　　B. select　　　　　　C. textarea　　　　　　D. Button

2. 密码输入框的 type 属性应该设为（　　）。

A. password　　　　B. text　　　　　　　C. file　　　　　　　　D. submit

3. 复选框的 name 属性（　　）。

A. 可以设为任意值　　　　　　　　　　B. 应该设为 checkbox

C. 应该设为相同的值　　　　　　　　　D. 应该设为不同的值

4. 为了实现单击按钮的效果，应该使用（　　）元素。

A. Input　　　　　　B. select　　　　　　C. textarea　　　　　　D. button

5. 提交一个表单使用的是（　　）。

A. 使用 form 元素的 submit 方法　　　　B. 使用 input 元素的 submit 类型

C. 使用 button 元素的 submit 事件　　　D. 使用 a 元素的 submit 属性

6. 下面（　　）元素可以用于创建多行文本输入框。

A. Input　　　　　　B. select　　　　　　C. textarea　　　　　　D. button

7. 指定表单提交的目标 URL 使用的是（　　）。

A. 使用 form 元素的 action 属性　　　　B. 使用 input 元素的 action 属性

C. 使用 button 元素的 action 属性　　　D. 使用 a 元素的 action 属性

8. 以下（　　）属性可以用于指定表单提交的方式。

A. 使用 form 元素的 method 属性　　　　B. 使用 input 元素的 method 属性

C. 使用 button 元素的 method 属性　　　D. 使用 a 元素的 method 属性

9. 如果希望提交的表单数据不被浏览器缓存，应该（　　）。

A. 使用 form 元素的 nocache 属性　　　　B. 使用 input 元素的 nocache 属性

C. 使用 button 元素的 nocache 属性　　　D. 使用 a 元素的 nocache 属性

二、判断题

1. input 元素的 type 属性可以设为任意值。　　　　　　　　　　　　　（　　）

2. select 元素可用于创建单选按钮。　　　　　　　　　　　　　　　　（　　）

3. 表单中的元素需要指定 name 属性才能提交。   （   ）

4. 在 HTML 中，表单提交的方式只有 POST 和 GET 两种。   （   ）

5. 提交表单时，浏览器会自动缓存提交的数据。   （   ）

任务 2.4 使用 HTML5 结构标签

任务描述

HTML5 提供了一些新的结构标签，用于更好地组织和描述 HTML 文档的结构。这些标签包括 < header >、< nav >、< article >、< section >、< aside >、< footer >、< main >。使用这些标签可以让 HTML 文档更容易阅读和理解，并且有助于搜索引擎更好地索引我们的网站。

本任务要使用 HTML5 的结构标签搭建网页，完成后的效果如图 2 - 4 - 1 所示。

任务效果图

任务效果图如图 2 - 4 -1 所示。

图 2 - 4 - 1

能力目标

◇ 理解 HTML5 中的结构标签的作用。

◇ 熟练使用 HTML5 中的结构标签来组织和描述 HTML 文档的结构。

📖 **知识引入**

1. 结构元素

HTML5 中的结构元素是一组特殊的标签，用于更好地组织和描述 HTML 文档的结构。这些元素包括 < header >、< nav >、< article >、< section >、< aside >、< footer >、< main >。

下面详细介绍这些结构元素：

（1）< header >

< header >：表示文档或区块的头部。< header >元素常用于包含文档的标题、logo 或其他的页眉内容。它可以包含任意的 HTML 内容，但是一般不包含主要内容。一个网页中可以使用多个 header 元素，也可以为每一个内容块添加 header 元素。

（2）< nav >

< nav >：表示导航链接的容器。< nav >元素常用于包含网站的导航链接，使用者可以通过这些链接浏览网站的不同部分。示例效果如图 2 - 4 - 2 所示。

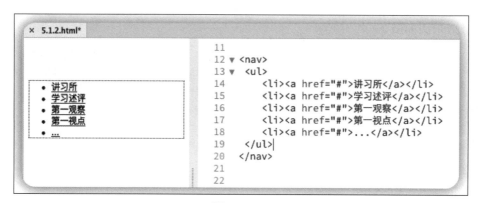

图 2 - 4 - 2

（3）< article >

< article >：表示文档中的独立内容，比如新闻文章。< article >元素常用于包含文档中的独立内容，这些内容可以在其他文档中单独使用。

（4）< aside >

< aside >：表示文档中的辅助内容，比如侧边栏。< aside >元素常用于包含文档中的辅助内容，这些内容不是文档的主要内容，但是可以帮助读者更好地理解文档。示例效果如图 2 - 4 - 3 所示。

（5）< section >

< section >：表示文档的独立区块。< section >元素常用于将文档分成若干个独立的部分，每个部分都有自己的主题。

section 元素用于对网站或应用程序中页面上的内容进行分块，一个 section 元素通常由内容和标题组成。在使用 section 元素时，需要注意以下 3 点：

• 不要将 section 元素用作设置样式的页面容器，那是 div 的特性。section 元素并非一个普通的容器元素，当一个容器需要被直接定义样式或通过脚本定义行为时，推荐使用 div。

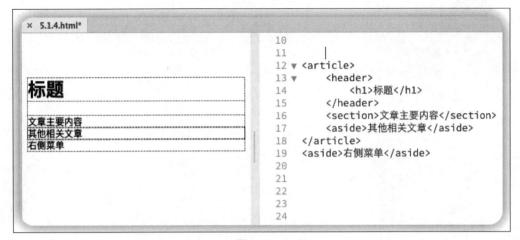

图 2 - 4 - 3

- 如果 article 元素、aside 元素或 nav 元素更符合使用条件，那么不要使用 section 元素。
- 没有标题的内容区块不要使用 section 元素定义。

（6）< footer >

< footer >：表示文档或区块的底部。< footer > 元素常用于包含文档的版权信息、联系信息或其他的页脚内容。它可以包含任意的 HTML 内容，但是一般不包含主要内容。

footer 元素用于定义一个页面或者区域的底部，它可以包含所有通常放在页面底部的内容。

在 HTML5 出现之前，一般使用 < div class = "footer" ></div > 标记来定义页面底部，而通过 HTML5 的 footer 元素可以轻松实现。

（7）< main >

< main >：表示文档的主要内容。< main > 元素常用于包含文档的主要内容，这些内容是文档的重点部分，不是辅助内容或导航链接。

2. 其他元素

< figure >：表示独立的流内容，比如图片、图表或代码清单。< figure > 元素常用于包含独立的流内容，这些内容可以单独使用，也可以与文档中的其他内容一起使用。

< figcaption >：表示 < figure > 元素的标题。< figcaption > 元素常用于为 < figure > 元素提供标题，帮助读者理解 < figure > 元素中包含的内容。

任务实现

步骤 1：使用 HTML5 的结构标签，可以设计出如下的主页网页框架结构。代码如下：

```
<!doctype html >
< html >
< head >
    < meta charset = "utf - 8">
    < title >title </title>
```

```
    </head >
    <body >
        <header >
            <h1 >xxx </h1 >
        </header >
        <nav >
            <ul >
                <li > <a href = "#"> </a > </li >
                <li > </li >
                <li > </li >
                <li > </li >
                <li > </li >
                <li > </li >
                <li > <a href = "about. html"> </a > </li >
            </ul >
        </nav >
        <main >
            <img >
        </main >
        < footer class = "footer">
            <p align = "center">Copyright </p >
        </footer >
    </body >
    </html >
```

步骤 2：根据主页的基本内容填充相关内容，包括标题、导航、主页内容和页尾版权声明等，可以得到如下的完整 HTML 代码。

```
<!doctype html >
<html >
<head >
    <meta charset = "utf -8">
    <title >腾科 IT 教育官网 </title >
</head >
<body >
    <header >
        <h1 >腾科 IT 教育 </h1 >
    </header >
    <nav >
        <ul >
```

```
            <li > <a href ="#">首页 </a > </li >
            <li >优选课程 </li >
            <li >高校合作 </li >
            <li >企业定制 </li >
            <li >考试中心 </li >
            <li >学习资源 </li >
            <li > <a href ="about. html">关于我们 </a > </li >
        </ul >
    </nav >
    <main >
        < img src ="images/banner1. jpg" width ="1200">
    </main >
    < footer class ="footer">
        < p align ="center">Copyright &copy;2018 -2021 广州腾科网络技
术有限公司 All rights reserved 粤 ICP 备 12042194 号 </p >
    </footer >
</body >
</html >
```

步骤3：重复上述步骤，利用 HTML5 的结构标签设计出 about. html 页面，并填充相关内容。

```
<!doctype html >
<html >
<head >
    <meta charset ="utf -8">
    <title >腾科 IT 教育官网 </title >
</head >
<body >
    <header >
        <h1 >腾科 IT 教育 </h1 >
    </header >
    <nav >
        < ul >
            <li > <a href ="index. html">首页 </a > </li >
            <li >优选课程 </li >
            <li >高校合作 </li >
            <li >企业定制 </li >
            <li >考试中心 </li >
            <li >学习资源 </li >
```

```
            <li > <a href = "#">关于我们 </a > </li >
        </ul >
    </nav >
    <main >
    <ul >
        <li > <a href = "#about">企业介绍 </a > </li >
        <li > <a href = "#culture">企业文化 </a > </li >
        <li > <a href = "#environment">企业环境 </a > </li >
    </ul >
    <section >
        <h2 id = "about">企业介绍 </h2 >
        <p > <strong >腾科 IT 教育 </strong >是广州腾科网络技术有限
公司重点孵化的项目,聚焦 IT 教育和 IT 人才,提供面授/在线培训与教育、IT 人才培养与
就业、新工科建设(高校专业共建与实验室建设等)、企业人才定制培养等解决方案的专业
公司。
        </p >
        <p >广州腾科网络技术有限公司,以下简称腾科,位于广州,下辖 5 家
分子公司,如:广州市腾科职业培训学校、深圳分公司、广州猎卓人力资源服务有限公司、博
睿(广州)科技有限公司等,以及 30 多个培训网点,业务涵盖全国主要大、中型城市。
        </p >
        <p >腾科是华为(Huawei)、红帽(Redhat)、甲骨文(Oracle)、思科
(Cisco)、亚马逊(Amazon)、威睿(VMware)、肯睿(Cloudera)、微软(Microsoft)、中国
开源软件推进联盟 PostgreSQL 分会(PostgreSQL)、美国计算机行业协会(CompTIA)、
阿里巴巴(Alibaba)、安恒、商汤科技、360 政企安全集团等十余家国际知名 IT 技术厂商
和组织的授权培训(学习)合作伙伴,是广东省计算机学会常务理事单位。
        </p >
        <p >聚焦 IT 教育和 IT 人才,开展 IT 认证培训和 IT 职业课程教育的
同时,结合腾科自主研发的慕课 + 实验实训平台博睿云,联合各大 IT 厂商利用先进的体系
与技术支持,实践智慧教育一体化的 IT 人才培养方案,助力高校新工科建设。
        </p >
        <p >拥有培生(Pearson VUE)和普尔文(Prometric)两大国际考试
中心,提供数千种 IT 认证考试服务。 </p >
    </section >
    <section >
        <h2 id = "culture">企业文化 </h2 >
        <p >腾科大家庭,是一个愉悦性组织,给大家建立一个轻松快乐的环境
工作,定期举行各种活动。 </p >
        <p >腾科大家庭,是一个学习性组织,腾科会为员工发展做规划,不定
期组织员工学习、培训,同时鼓励员工积极学习相关知识和技能。 </p >
```

```
            </section >
            < section >
                < h2 id = "environment">企业环境 </h2 >
                <p >腾科 IT 教育集团有多媒体教室、全真机房、仿真实训室、VIP 学习
室、休息室、办公区域等。腾科设有 HCIE - Cloud 实验室、HCIE - Storage 实验室、HCIE -
Security 实验室、HCIE - RS 实验室、CCIE - Collaboration 实验室、CCIE - Security
实验室、CCIE - SP 实验室、CCIE - RS 实验室、Redhat RHCA 实验室、Oracle OCM 实验室、
微软服务器实验室、IBM 存储实验室、AIX 小型机实验室、安全攻防仿真实验室、软件工程实
验室等 15 个标准实验室,以满足课程研发和各种教学需要。</p >
            </section >
        </main >
        < footer >
            <p align = "center">Copyright &copy;2018 -2021 广州腾科网络技
术有限公司 All rights reserved 粤 ICP 备 12042194 号 </p >
        </footer >
    </body >

    </html >
```

步骤 4：测试页面。确保页面能正常显示，并检查是否存在任何显示错误。

📟 知识拓展

在 HTML5 中新增了许多结构标签，如 < header >、< footer >、< article >等，这些标签可以用来更好地组织 HTML 文档的结构，使文档更具可读性和可维护性。但是，如果页面没有使用这些新增的结构标签，仍然可以使用 < div >标签来布局网页。< div >标签是一个通用的容器标签，可以用来将其他元素分组，使用它可以将页面分成若干个部分，并使用 CSS 来设置这些部分的布局。

不过，在使用 < div >标签布局网页时，应该注意不要过度依赖它。过度使用 < div >标签可能会使 HTML 文档的结构变得松散，导致文档变得难以阅读和维护。因此，在使用 < div >标签布局网页时，应该尽量使用 HTML5 中的结构标签来替代 < div >标签，以使 HTML 文档的结构更加严谨。

📟 技能训练

假设要设计一个电商网站的商品页面，需要包含商品的图片、标题、价格、描述、购买按钮等信息。可以使用 HTML5 的结构标签设计出如下网页结构，使用本任务讲解的知识实现图 2 -4 -4 所示的页面效果。

图 2 - 4 - 4

🖥 关键步骤

可以使用 HTML5 的结构标签设计出一个商品页面的网页结构，包含商品的图片、标题、价格、描述、购买按钮等信息。

🖥 课后测试

一、多选题

1. （　　　）标签用于定义文档的主体内容。

A. < header >　　　　　B. < body >　　　　　C. < footer >　　　　　D. < article >

2. （　　　）标签用于定义文档的页脚。

A. < header >　　　　　B. < body >　　　　　C. < footer >　　　　　D. < article >

3. （　　　）标签用于定义文档的独立部分。

A. < header >　　　　　B. < body >　　　　　C. < footer >　　　　　D. < article >

4. （　　　）标签用于定义导航链接。

A. < nav >　　　　　B. < header >　　　　　C. < footer >　　　　　D. < article >

5. （　　　）标签用于定义文档中的节。

A. < section >　　　　　B. < header >　　　　　C. < footer >　　　　　D. < article >

二、判断题

1. < header >标签用于定义文档的主体内容。（　　　）

2. < footer >标签用于定义文档的页眉。（　　　）

3. < article >标签用于定义文档的独立部分。（　　　）

4. < nav >标签用于定义文档中的导航链接。（　　　）

5. < section >标签用于定义文档中的节。（　　　）

任务 2.5　嵌入视频和音频

任务描述

HTML5 中的 audio 和 video 元素用于在网页中嵌入音频和视频，source 元素用于为音频和视频提供多种格式的文件。通过本任务，学生可以学会使用这些元素和属性来播放音频与视频，并了解如何为音频和视频提供多种格式的文件。

使用视频元素标签，制作视频播放列表，完成后的效果图如图 2-5-1 所示。

任务效果图

任务效果图如图 2-5-1 所示。

图 2-5-1

能力目标

◇ 学会使用 HTML5 的 audio 和 video 元素嵌入音频和视频到网页中；
◇ 了解 source 元素的用法，以便为音频和视频提供多种格式的文件。

知识引入

在 HTML5 出现之前，没有在网页中嵌入音频和视频的标准方式，大多数情况下，多媒体内容都是通过第三方插件或集成在浏览器中的应用程序实现的。这种方式不仅需要借助第三方插件，而且实现起来代码复杂冗长。

HTML5 中的 audio 和 video 元素的出现，使得在网页中嵌入音频和视频变得简单。通过使用这些元素，可以在网页中直接嵌入音频和视频，而无须借助第三方插件。

1. 嵌入音频

audio 标签是 HTML5 中用于嵌入音频到网页中的标签。它的语法如下：

```
<audio src = "audio.mp3" controls > </audio >
```

audio 标签包含一个 src 属性，用于指定音频文件的 URL。它还可以包含一个 controls 属性，表示在音频中显示播放控件。

audio 标签还可以包含其他属性，如：

- autoplay 属性，表示在页面加载完成后自动播放音频。
- loop 属性，表示在播放完成后循环播放音频。
- preload 属性，表示在页面加载时预加载音频。

例如，下面是一个自动播放、循环播放的音频标签：

```
<audio src = "audio.mp3" controls autoplay loop > </audio >
```

使用 audio 标签可以方便地在网页中嵌入音频，支持多种音频格式，如 MP3、WAV、OGG 等。它的使用方式简单，可以提高网页的交互性和可维护性。

在 audio 标签中可以插入文字，用于在不支持 audio 元素的浏览器中显示。

例如，如果想要在 audio 标签中显示一段文字，可以这样写：

```
<audio src = "audio.mp3" controls >
    您的浏览器不支持 audio 元素,请升级浏览器后再尝试播放音频。
</audio >
```

这样，在不支持 audio 元素的浏览器中，会显示这段文字；在支持 audio 元素的浏览器中，会显示音频播放器，并可以播放音频。

使用这种方式，可以使网页在不同的浏览器中都能正常工作，同时提高网页的兼容性。

2. 嵌入视频

video 标签是 HTML5 中用于嵌入视频到网页中的标签。它的语法如下：

```
<video src = "video.mp4" controls > </video >
```

video 标签包含一个 src 属性，用于指定视频文件的 URL。它还可以包含一个 controls 属性，表示在视频中显示播放控件。

video 标签还可以包含其他属性，如：

- autoplay 属性，表示在页面加载完成后自动播放视频。
- loop 属性，表示在播放完成后循环播放视频。
- preload 属性，表示在页面加载时预加载视频。

例如，下面是一个自动播放、带有播放控件的视频标签：

```
<video src = "myvideo.mp4" controls autoplay > </video >
```

如果想要循环播放视频，可以将 loop 属性添加到标签中：

```
<video src = "myvideo.mp4" controls autoplay loop > </video >
```

如果希望在页面加载时预加载视频，可以将 preload 属性添加到标签中：

```
<video src = "myvideo.mp4" controls autoplay loop preload > </video >
```

请注意，不同浏览器对 video 标签支持的属性可能略有不同，因此，可能需要使用多种属性来确保你的视频在所有浏览器中都能正常工作。

3. 音视频中的 source 元素

在 HTML 中，source 元素可以用于指定 audio 和 video 元素的多个媒体源。它通常用于提供多个不同的媒体文件，以便在不同的浏览器或设备上都能播放。

例如，如果想在页面中播放一个视频，并提供多种格式的视频文件，可以使用如下代码：

```
<video controls>
    <source src="myvideo.mp4" type="video/mp4">
    <source src="myvideo.webm" type="video/webm">
    <source src="myvideo.ogg" type="video/ogg">
</video>
```

在这个例子中，浏览器将尝试使用第一个可用的媒体源来播放视频。如果第一个媒体源不可用，则尝试使用第二个媒体源，依此类推。

此外，source 元素还可以包含 media 属性，用于指定媒体源的媒体查询。这可以用于在不同的设备或浏览器上选择不同的媒体文件。

例如，如果想提供两个不同的视频文件，一个用于桌面浏览器，另一个用于移动设备，可以使用如下代码：

```
<video controls>
    <source src="myvideo-desktop.mp4" type="video/mp4" media="
(min-width:800px)">
    <source src="myvideo-mobile.mp4" type="video/mp4" media="
(max-width:799px)">
</video>
```

在这个例子中，当浏览器窗口的宽度大于 800 像素时，浏览器将使用第一个媒体源播放视频；如果浏览器窗口的宽度小于等于 799 像素，则浏览器将使用第二个媒体源播放视频。

总之，source 元素是一种很有用的工具，可以使你能够提供多种媒体文件，以确保在不同的浏览器和设备上都能播放你的媒体内容。

任务实现

步骤 1：利用列表标签，设计视频列表。代码如下：

```
<ul>
    <li>
    </li>
    <li>
    </li>
    <li>
    </li>
```

```
<li >
</li >
</ul >
```

步骤 2：填充视频标签的内容。

按培训视频列表的 video 属性（src、poster），填充好视频的源和封面图片。

```
<ul >
    <li >
    < video src = "video/video. mp4" width = "600" height = "350" post-
er = "http://115.29.210.249/tggPic/content/2021 - 08/1628820177166. png"
controls = " controls" >该浏览器不支持 </video >
    </li >
    <li >
    < video src = " video/video. mp4" width = " 600" height = " 350"
poster = " http://115.29.210.249/tggPic/content/2022 - 07/1658202698933.
jpg" controls = " controls" >该浏览器不支持 </video >
    </li >
    <li >
    < video src = " video/video. mp4" width = " 600" height = " 350"
poster = " http://115.29.210.249/tggPic/content/2022 - 07/1658202023525.
jpg" controls = " controls" >该浏览器不支持 </video >
    </li >
    <li >
    < video src = " video/video. mp4" width = " 600" height = " 350"
poster = " http://115.29.210.249/tggPic/content/2022 - 08/1660035588928.
gif" controls = " controls" >该浏览器不支持 </video >
    </li >
</ul >
```

步骤 3：除了上面的步骤，还有一些内容需要做，例如：

设置播放列表为水平排列，规定每行放多少个视频。使用 CSS 来美化列表的外观，使其符合你的设计需求。这些功能都需要样式表的支持，后面章节会详细介绍。

步骤 4：测试视频播放列表的功能。确保视频列表中的每个视频都能正常工作，并检查是否存在任何显示错误。

知识拓展

自动播放音频或有声视频可能会破坏用户体验，因此，应该尽可能避免使用这种功能。

如果确实想使用自动播放功能，最好提供开关，让用户可以主动打开自动播放，这样可以保证用户能够有足够的时间准备好听到声音。

此外，使用 controls 属性也是一个很好的做法，可以让用户控制视频的播放，包括音量、

跨帧、暂停/恢复播放，这样用户就可以更好地控制媒体内容的播放

另外，也可以考虑在页面加载时预加载媒体文件，但不立即播放，这样用户就可以在准备好听到声音之后，再手动播放媒体内容。例如，可以使用如下代码：

```
<audio src = "myaudio. mp3" preload > </audio>
```

或者，如果想提供多种媒体文件，并在页面加载时预加载所有文件，可以使用如下代码：

```
<audio preload >
  <source src = "myaudio. mp3" type = "audio/mpeg">
  <source src = "myaudio. ogg" type = "audio/ogg">
</audio>
```

在这个例子中，浏览器将在页面加载时预加载所有媒体文件，但是不会立即播放。可以使用 JavaScript 来控制媒体的播放，或者使用 HTML 的 audio 元素的 controls 属性，让用户可以控制播放。

技能训练

使用 video 标签可以在 HTML 页面中插入视频，并使用标签的属性来设置视频的一些属性。

使用本任务讲解的知识，实现图 2-5-2 所示的页面效果。

图 2-5-2

关键步骤

①使用 video 标签的 width 和 height 属性设置视频的大小。

②使用 controls 属性显示播放控件。

③使用 source 标签来定义可以使用的多种视频格式。

④使用 img 标签定义视频封面图片。

课后测试

一、单选题

1. 以下（　　）属性可以设置视频的播放控件。

A. autoplay　　　　B. loop　　　　C. controls　　　　D. muted

2. 以下（　　）属性可以设置视频的封面图片。

A. src　　　　B. poster　　　　C. width　　　　D. height

3. 以下（　　）属性可以设置视频的自动播放。

A. controls　　　　B. autoplay　　　　C. loop　　　　D. muted

4. 以下（　　）属性可以设置视频的循环播放。

A. src　　　　B. poster　　　　C. loop　　　　D. muted

5. 以下（　　）属性可以设置视频的静音播放。

A. src　　　　B. poster　　　　C. loop　　　　D. muted

6. 以下（　　）属性可以设置视频的宽度。

A. src　　　　B. poster　　　　C. width　　　　D. height

7. 以下（　　）属性可以设置视频的高度。

A. src　　　　B. poster　　　　C. width　　　　D. height

8. 以下（　　）属性可以设置音频的播放控件。

A. autoplay　　　　B. loop　　　　C. controls　　　　D. muted

9. 以下（　　）属性可以设置音频的静音播放。

A. src　　　　B. poster　　　　C. loop　　　　D. muted

二、判断题

1. 视频标签可以用来插入音频文件。　　　　　　　　　　　　　　（　　）

2. 视频标签的 poster 属性可以在所有浏览器中都正常显示视频封面图片。（　　）

3. 音频标签可以用来插入视频文件。　　　　　　　　　　　　　　（　　）

4. 音频标签的 controls 属性可以设置音频的自动播放。　　　　　　（　　）

5. 音频标签的 loop 属性可以设置音频的封面图片。　　　　　　　（　　）

6. 音频标签的 src 属性可以设置音频的播放控件。　　　　　　　　（　　）

7. 音频标签的 autoplay 属性可以设置音频的循环播放。　　　　　　（　　）

8. 音频标签的 muted 属性可以设置音频的静音播放。　　　　　　　（　　）

9. 视频标签的 source 标签可以用来插入图片。　　　　　　　　　（　　）

10. 音频标签的 source 标签可以用来插入视频文件。　　　　　　　（　　）

项目三
CSS 应用

在 CSS 出现以前，元素的样式主要是通过 HTML 标签属性或表现标签来设置，但 HTML 控制网页外观和表现的能力很差，存在以下问题：样式设置能力有限，无法精确到像素级调整文字大小、行间距等；样式代码不能重用，不能对多个网页元素进行统一的样式设置，只能一个一个元素设置。这样就导致 HTML 页面中存在大量的样式代码，页面结构越来越复杂，网页的体积也急剧增加，严重影响了网页的维护以及浏览速度。为解决上述问题，W3C 引入了 CSS 规范，规定：HTML 用于描述网页的结构，CSS 用于控制网页的外观。

任务 3.1　为样式找到应用目标

🖥 任务描述

本任务要使用 CSS 基础选择器及外部样式表对 index. html 和 about. html 页面中的多个网页元素进行统一的样式设置，实现结构和样式的分离。完成后的效果如图 3 - 1 - 1 和图 3 - 1 - 2 所示。

🖥 任务效果图

任务效果图如图 3 - 1 - 1 和图 3 - 1 - 2 所示。

图 3 - 1 - 1

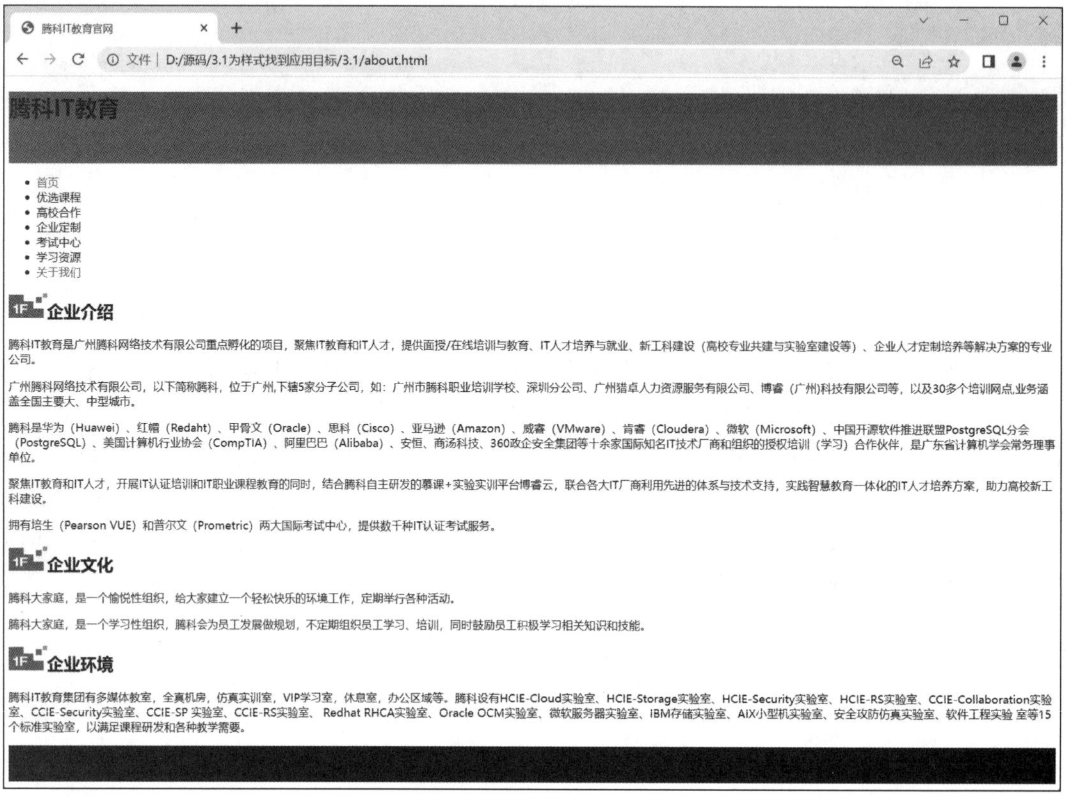

图 3 - 1 - 2

🖥 能力目标

✧ 掌握 CSS 的语法及使用方法；

✧ 掌握基础选择器的使用；

✧ 掌握引入 CSS 的不同方式及适用场合。

🖥 知识引入

要完成本任务，需要先学习以下知识：

1. CSS 概述

CSS（Cascading Style Sheet，层叠样式表）是控制网页外观的一种技术。

（1）CSS 的作用

● 将结构和样式分离

结构和样式的分离，有利于样式的重用及网页的修改维护。

● 更容易控制页面的布局

能够对网页的布局、字体、颜色、背景等图文效果实现更加精确的控制。

● 可以制作出体积更小、下载更快的网页

样式代码可以重用，减少了代码用量。

● 可以更快、更容易地维护及更新大量的网页

可以将网站中的所有网页都指向同一个 CSS 文件。

HTML 和 CSS 的关系就像人的身体和衣服，我们学习 CSS，通过更改 CSS 样式，就可以轻松地控制网页的外观，使网页更加美观。

（2）CSS 的发展

CSS 经历了 CSS1、CSS2、CSS2.1 和 CSS3，其中，CSS2.1 是 CSS2 的修订版，CSS3 是 CSS 目前的最新版本。CSS3 在 CSS2.1 的基础上增加了很多强大的新功能，以帮助开发人员解决一些实际面临的问题，例如可以直接设置阴影、圆角等。使用 CSS3 不仅可以设计炫酷美观的网页，还能提高网页性能，不过目前并不是所有的浏览器都完全支持它。

2. CSS 的基本语法结构

CSS 对网页样式的设置是通过 CSS 规则来实现的。CSS 规则由选择器和声明（一条或多条）组成，如图 3 - 1 - 3 所示。

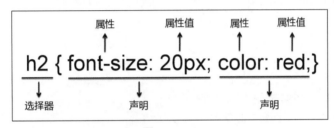

图 3 - 1 - 3

其基本语法结构如下：

选择器{属性1:属性值1;属性2:属性值2;…}

选择器：指向需要设置样式的元素，比如 HTML 标记名、元素的类名等。

声明：每条声明都包含一个属性和一个属性值，以英文冒号"："分隔；多条声明之间用英文分号"；"分隔，所有声明放到一对大括号 {} 中。

为了提高代码的可读性，书写 CSS 代码时，通常会加上 CSS 注释，示例代码如下：

/* 这是 CSS 注释,此内容不会显示在浏览器窗口中*/

h2{font - size:20px;color:red;}　也可以写成下面的形式：

```
h2{
font - size:20px;              /* 设置字体大小*/
color:red;                     /* 设置文本颜色*/
}
```

属性值和单位之间不允许有空格，例如，下面代码的书写方式是错误的：

h2{font - size:20 px;}　　　/* 20 和单位 px 之间有空格*/

注意：属性必须符合 CSS 规范，不能随意创建，属性值也要规范合理。CSS 常用的属性和属性值后面将详细介绍。

3. 基础选择器

使用 CSS 规则给网页设置样式，首先要找到应用目标，即使用选择器选中要设置样式的元素。选择器分为基础选择器和复合选择器。基础选择器由单个选择器组成，主要包括标记选择器、类选择器、ID 选择器、伪类选择器、伪元素选择器、通配符选择器。

（1）标记选择器

标记选择器用 HTML 标记作为选择器，为页面中某一类标记指定统一的样式。其基本语法格式如下：

定义：

```
HTML 标记{属性 1:属性值 1;属性 2:属性值 2;…}
```

使用：

```
< HTML 标记 >… </HTML 标记 >
```

例 3.1.1：标记选择器的使用。

```
<!doctype html >
< html >
< head >
    < meta charset = "uft - 8">
    < title >标记选择器的使用 </title >
    < style >
        h2{
            font - size:20px;        /* 设置字体大小*/
            color:red;              /* 设置文本颜色*/
        }
        p{
            font - size:14px;
            text - indent:2em;      /* 设置首行缩进 2 个字符*/
        }
    </style >
</head >
< body >
    < h1 >网站 logo </h1 >

    < h2 >企业介绍 </h2 >
    < p >企业介绍内容 1 </p >
    < p >企业介绍内容 2 </p >

    < h2 >企业文化 </h2 >
    < p >企业文化内容 1 </p >
```

```
        <p>企业文化内容2</p>

        <h2>企业环境</h2>
        <p>企业环境内容1</p>
        <p>企业环境内容2</p>

        <p>Copyright &copy;2022 XX公司 All rights reserved 粤ICP备
12345678号</p>
    </body>
    </html>
```

页面运行效果如图3-1-4所示。

图3-1-4

所有的 HTML 标记都可以作为标记选择器，标记选择器最大的优点就是能够快速地对页面中相同的 HTML 标记进行统一的样式设置，缺点是不能给相同的 HTML 标记设置不同的样式。在例 3.1.1 中对 h2 标记和 p 标记的样式进行了统一的设置，但是如果想给最后一段"<p>Copyright © 2022 XX 公司 All rights reserved 粤 ICP 备 12345678 号 </p>"设置居中显示，只使用标记选择器是无法做到的，这时就要使用接下来介绍的类选择器了。

（2）类选择器

如果想要差异化选择不同的标记，单独选中一个或者某几个标记，可以使用类选择器。类选择器定义时使用"."（英文点号），后面紧跟类名，使用时通过 HTML 元素的 class

属性来调用样式，其基本语法格式如下：

定义类：

. 类名｛属性1:属性值1;属性2:属性值2;…｝

使用类：

<HTML 标记 class ="类名">

例3.1.2：类选择器的使用。

```
<!doctype html >
<html >
<head >
    <meta charset ="uft - 8">
    <title >类选择器的使用 </title >
    <style >
        h2｛
            font - size:20px;
            color:red;
        ｝
        p｛
            font - size:14px;
            text - indent:2em;
        ｝
        /* 定义类*/
        . center｛
            text - align:center;    /* 设置文本居中对齐*/
        ｝
    </style >
</head >
<body >
<h1 class ="center">网站 logo </h1 >
    <h2 >企业介绍 </h2 >
    <p >企业介绍内容1 </p >

    <p class ="center">企业介绍内容2 </p >
    <h2 >企业文化 </h2 >
    <p >企业文化内容1 </p >
    <p >企业文化内容2 </p >

    <h2 >企业环境 </h2 >
    <p >企业环境内容1 </p >
```

```
    <p>企业环境内容2</p>

    <p class = "center">Copyright &copy;2022 XX 公司 All rights re-
served 粤 ICP 备 12345678 号</p>
    </body>
    </html>
```

在例 3.1.2 中定义的 center 类不仅可以用在最后一个 p 元素上，还可以用在其他 p 元素上，甚至可以用在 h1、h2 元素上。页面运行效果如图 3-1-5 所示。

图 3-1-5

一个 HTML 元素可以使用多个类，如下所示：

```
    <div class = "box center red"></div>
```

在 class 属性中写多个类名，类名之间用空格分开，例如，上面使用了 3 个类，分别是 box、center 和 red，这时该元素就有了这 3 个类的样式。

在实际开发中，会先定义一些公共类（定义共同的样式），再定义特有的类，在调用时，使用公共类来统一样式，使用特有的类来设置不同的样式，从而简化代码，也便于统一修改。

（3）ID 选择器

ID 选择器可以为标有特定 ID 的 HTML 元素指定特定的样式。

ID 选择器使用"#"进行标识，后面紧跟 ID 名，使用时，通过 HTML 元素的 ID 属性来调用样式，其基本语法格式如下：

定义 ID：

```
#id名{属性1:属性值1;属性2:属性值2;......}
```

使用 ID：

```
<HTML标记 id="id名">
```

代码如下所示：

```
#myCarousel{color:red;}
```

这里定义了一个名为 myCarousel 的 ID 选择器，要应用该选择器的样式，需要调用 HT-ML 元素的 ID 属性，如下所示：

```
<div id="myCarousel"></div>
```

注意：

类名和 ID 名不能以数字开头，并且区分大小写，命名尽量要有意义。

同一个类在页面中可以使用多次，而同一个 ID 在页面中只能使用一次，虽然使用多次浏览器不会报错，但这种做法是不允许的。

在实际开发中，往往以类选择器为主，ID 选择器一般用于页面唯一性的元素上，经常和 JavaScript 搭配使用。

（4）伪类选择器

这里主要讲解链接伪类和常用的结构化伪类。

①链接伪类：

在默认的浏览器浏览方式下，超链接为统一的蓝色并且有下划线，被单击过的超链接则为紫色有下划线，通过链接伪类可以控制超链接在不同状态下的样式。

与超链接 <a> 标记相关的 4 个链接伪类见表 3 – 1 – 1。

表 3 – 1 – 1

链接伪类	说明
a:link	未访问时超链接的样式
a:visited	访问后超链接的样式
a:hover	鼠标指针悬停在超链接上时的样式
a:active	当前激活（在鼠标单击与释放之间发生）的样式

例 3.1.3：链接伪类的使用。

```
<!doctype html>
<html>
<head>
    <meta charset="uft-8">
    <title>链接伪类的使用</title>
    <style>
        a:link{
```

```
            color:black;
            text-decoration:none;
        }
        a:visited{
            color:green;
        }
        a:hover{
            color:red;
            text-decoration:underline;
        }
        a:active{
            font-size:40px;
        }
</style>
</head>
<body>
    <a href="https://www.xuexi.cn/">学习强国</a>
    <a href=" http://www.zgdsw.com/">中共党史网</a>
</body>
</html>
```

注意：定义链接伪类时，冒号前后不能出现空格。

定义链接伪类要按顺序，通常按照 a:link、a:visited、a:hover、a:active 的顺序书写，即 lvha 的顺序，否则，定义的样式可能不起作用。链接伪类的 4 种状态并非全部都要定义，active 一般就很少使用。

在实际开发中，超链接访问前和访问后的样式一般都是相同的，只有鼠标悬停时的样式不同，所以只需要设置 a 和 a:hover 即可。

```
a:link{
    color:black;
    text-decoration:none;
}
a:visited{
    color:black;
}
a:hover{
    color:red;
    text-decoration:underline;
}
```

例如上面的代码可简写为：

```
a{
    color:black;
    text - decoration:none;
}
a:hover{
    color:red;
    text - decoration:underline;
}
```

②结构化伪类：

结构化伪类选择器是 CSS3 中新增的，它主要根据 HTML 元素的结构来选择元素，它能用更加简洁的代码实现某些需求。下面介绍 4 个常用的结构化伪类选择器：

:first - child 和:last - child 选择器

分别用于为父元素中的第一个或者最后一个子元素设置样式。

:nth - child(n)和:nth - last - child(n)选择器

使用:first - child 和:last - child 选择器可以选择某个父元素中第一个或最后一个子元素，但是如果想要选择第 2 个或倒数第 2 个子元素，这两个选择器就不起作用了。为此，CSS3 引入了:nth - child(n) 和:nth - last - child(n) 选择器，它们是:first - child 选择器和:last - child 选择器的扩展。

其中，n 可以是数字、关键字或公式：

n 如果是数字，就是选择第 n 个子元素，里面数字从 1 开始。

n 如果是关键字，even 表示偶数，odd 表示奇数。

n 如果是公式，则从 0 开始计算，但是第 0 个元素或者超出了元素的个数，会被忽略。

常见的公式见表 3 - 1 - 2。

表 3 - 1 - 2

公式	选取范围
2n	偶数子元素
2n + 1	奇数子元素
5n	第 5、10、15、…个子元素
n + 3	从第 3 个子元素开始（包括第 3 个）到最后
- n + 6	前 6 个子元素（注意，不能写成 6 - n，否则不生效）

例 3.1.4：结构化伪类的使用。

```
<!doctype html >
<html >
<head >
    <meta charset = "uft - 8">
    <title >结构化伪类的使用 </title >
```

```
    <style>
        li:first - child{background - color:red;}
        li:last - child{background - color:orange;}
        li:nth - child(2){background - color:yellow;}
        li:nth - last - child(2){background - color:green;}
    </style>
</head>
<body>
    <h2>给大学生的话</h2>
    <ul>
        <li>年轻人很重要的一条,就是要学做有原则的人</li>
        <li>我们每个人都要终身学习</li>
        <li>学问学问,要学就先要问</li>
        <li>上了岁数,回过头真诚地告诉你们,现在你们要好好学习,心无旁笃
</li>
        <li>所有的成绩都是背后夜以继日的努力沉淀出来的</li>
        <li>多读书,读好书</li>
        <li>学生要好好干,好好学,好好干就是好好学!</li>
        <li>能够在这里上学,最后成长成才,是你们抓住了机遇,机遇也选择了你
们</li>
        <li>既要读'有字之书',又要读'无字之书'</li>
        <li>人的潜力是无限的,只有在不断学习,不断实践中才能充分发掘出来
</li>
    </ul>
</body>
</html>
```

页面运行效果如图 3 – 1 – 6 所示。

(5) 伪元素选择器

伪元素用于设置元素指定部分的样式,一般用于设置元素的首字母、首行的样式,或在元素之前或之后插入内容。常见的伪元素见表 3 – 1 – 3。

表 3 – 1 – 3

选择器	例子	例子描述
::after	p::after	在 <p> 元素之后插入内容
::before	p::before	在 <p> 元素之前插入内容
::first – letter	p::first – letter	选择 <p> 元素的首字母
::first – line	p::first – line	选择 <p> 元素的首行

在 CSS1 和 CSS2 中,伪类和伪元素用一个冒号表示。在 CSS3 中,为了区分它们,规定

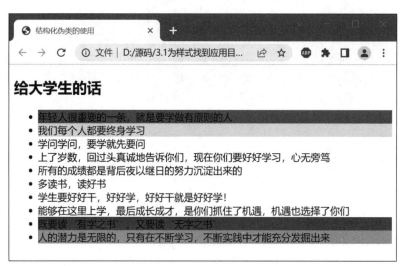

图 3 - 1 - 6

伪类用一个冒号来表示，而伪元素用两个冒号来表示。

例 3.1.5::：before 选择器的使用。

```
<!doctype html >
<html >
<head >
    <meta charset = "uft - 8">
    <title >::before 选择器的使用 </title >
    <style >
        p{
            font - size:24px;
        }
        p::before{
            content:'这里最好添加修饰性的元素,例如图标';
            font - size:12px;
            color:red;
        }
    </style >
</head >

<body >
    <p >梦想从学习开始,事业从实践起步。 </p >
</body >
</html >
```

页面运行效果如图 3 - 1 - 7 所示。

图 3 - 1 - 7

::before 和::after 选择器特有的 content 属性用于在 CSS 渲染时向元素逻辑上的头部或尾部添加内容，添加的内容实际并不存在，仅仅是在 CSS 渲染时加入。所以不要使用::before 或::after 展示有实际意义的内容，尽量使用它们显示修饰性的元素，例如图标。

（6）通配符选择器

通配符选择器用 " ＊ " 号表示，它的作用范围最广，它可以选择文档中的所有元素。其基本语法格式如下：

```
* {属性1:属性值1;属性2:属性值2;…}
```

很多元素在不同的浏览器中默认的样式是不一样的，为了兼容不同的浏览器，需要重置元素的默认样式。重置样式最简单的方法就是使用通配符选择器来重置元素的内外边距，示例代码如下：

```
* {
   margin:0;
   padding:0;
}
```

这种方法虽然简单，但是设置的样式会应用到所有的 html 元素上，这样反而降低了代码的运行速度，所以，在实际开发中不建议使用这种方式来重置样式。

4. 在 HTML 中引入 CSS 的方法

有三种 CSS 样式表，分别是行内式、内嵌式、外部样式表。

（1）行内式

行内式是通过 HTML 标记的 style 属性来设置元素的样式，其基本语法格式如下：

```
<HTML 标记 style = "属性1:属性值1;属性2:属性值2;…">内容</HTML 标记>
```

例 3.1.6：行内式。

```
<!doctype html >
< html >
< head >
    < meta charset = "uft - 8" >
    < title >行内式</title >
</head >
```

```
<body >
    <p style = "color:red;">青年处于人生积累阶段,需要像海绵汲水一样汲取
知识 </p >
    <p style = "color:green;">特别是要克服浮躁之气,静下来多读经典,多知
其所以然 </p >
    <p style = "color:blue;">素质包括德、智、体等,智商、情商都需要 </p >
    <p style = "color:orange;">青年人要锻炼好身体,为革命事业健康工作 50
年 </p >
</body >
</html >
```

页面运行效果如图 3 -1 -8 所示。

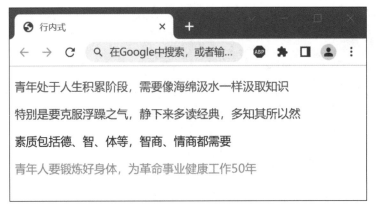

图 3 -1 -8

行内式是使用 CSS 最简单的方式之一,但由于需要为每个标记设置 style 属性,元素样式不能复用,没有做到 CSS 代码与 HTML 代码分离,后期维护成本很高,所以不推荐使用。

(2) 内嵌式

内嵌式也叫内部样式表,是将样式集中写在 < style > </style > 标记内,并且放在 HTML 文档的 < head > </head > 标记中,基本语法格式如下:

```
<head >
    <style type = "text/css">
        选择器{属性 1:属性值 1;属性 2:属性值 2;…}
    </style >
</head >
```

例 3.1.7: 内嵌式。

```
<!doctype html >
<html >
<head >
    <meta charset = "uft -8">
```

```
<title>内嵌式</title>
<style>
    p:first-child{color:red;}
    p:nth-child(2){color:green;}
    p:nth-child(3){color:blue;}
    p:last-child{color:orange;}
    p{
        font-weight:bold;          /* 设置字体加粗*/
        font-style:italic;         /* 设置字体斜体*/
    }
</style>
</head>
<body>
    <p>青年处于人生积累阶段,需要像海绵汲水一样汲取知识</p>
    <p>特别是要克服浮躁之气,静下来多读经典,多知其所以然</p>
    <p>素质包括德、智、体等,智商、情商都需要</p>
    <p>青年人要锻炼好身体,为革命事业健康工作50年</p>
</body>
</html>
```

例 3.1.7 除了实现了例 3.1.6 同样的颜色设置效果之外，还统一设置了字体加粗和倾斜，页面运行效果如图 3-1-9 所示。

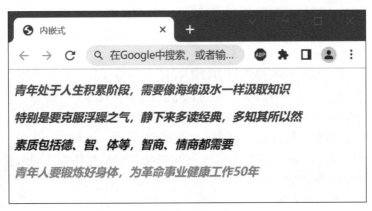

图 3-1-9

从例 3.1.7 可以看出，所有的 CSS 代码都集中写在了同一个区域，方便后期维护。但如果一个网站有很多个页面，对于不同页面上的 <p> 标记，都要采用相同的样式风格，使用内嵌式的方法就比较麻烦，维护成本也高，因此，内嵌式仅适用于对特殊的页面设置单独的样式风格。

（3）外部样式表

创建一个扩展名为 .css 的文本文件，将样式写在其中，这就是外部样式表。一个 HTML

文件可以引入一个或多个外部样式表，引入的方式有两种：

①链入式（使用 < link > 标记链入外部样式表）。

```
< head >
    < link rel = "stylesheet" type = "text/css" href = "css/style. css">
    < link rel = "stylesheet" type = "text/css" href = "css/about. css">
</head >
```

②导入式（使用@ import 导入外部样式表）。

常用的有以下几种@ import 语句，可以选择任意一种放在 < style > </style > 标记之间。

```
< style >
    @ import url("css/style. css");
    @ import url('css/style. css');
    @ import url(css/style. css);
    @ import"css/style. css";
    @ import'css/style. css'
    /* 这里还可以写其他 css 样式*/
</style >
```

@ import 规则允许将样式表导入另一张样式表中。

@ import 规则必须在 CSS 文档的头部，但可以在@ charset 规则后面。

@ import 规则支持媒体查询，可以根据不同屏幕尺寸导入不同的样式文件。

虽然链入式和导入式功能基本相同，但在实际开发中多是使用链入式，主要是因为两者的加载时间和顺序不同。当一个页面被加载时，链入式 < link > 引入的 CSS 文件将同时被加载，而导入式@ import 引入的 CSS 文件会等到页面全部下载完以后再被加载。当用户的网速比较慢的时候，会先显示没有 CSS 修饰的网页，这样会造成不好的用户体验，因此，在实际开发中多使用链入式 < link > 引入 CSS 文件。

链入式最大的优势在于 CSS 代码与 HTML 代码完全分离，并且同一个 CSS 文件可以被不同的 HTML 文件使用，同一个 CSS 文件可以链接到多个 HTML 文件中，甚至可以链接到整个网站的所有页面中，使网站整体风格统一，后期维护的工作量大大减少。如果网站需要修改整体风格样式，只需要修改这一个 CSS 文件即可。

前面分别介绍了在 HTML 文件中引入 CSS 的方法，如果这些方法同时使用，就会出现优先级的问题，下面举例说明。

例 3.1.8：样式表的优先级。

```
<!doctype html >
<html >
<head >
    <meta charset = "uft -8">
    <title >样式表的优先级 </title >
    <link rel = "stylesheet" type = "text/css" href = "css/style. css">
    <style >
```

```
        p{color:green;}
    </style >
</head >
<body >
    <p style = "color:red;">我到底是什么颜色？</p >
</body >
</html >
```

在外部样式表 style. css 中设置：

```
p{color:blue;}
```

页面运行效果如图 3 - 1 - 10 所示，文字颜色是红色，说明行内式的优先级最高。

图 3 - 1 - 10

如果去掉行内式，则 < p > 标记内的文字为绿色，说明内嵌式 < style > 的优先级比链入式 < link > 的优先级高。但是如果把链入式 < link > 放在内嵌式 < style > 的后面，则 < p > 标记内的文字为蓝色，说明链入式 < link > 的优先级比内嵌式 < style > 的优先级高，不过一般都是把链入式 < link > 放在内嵌式 < style > 的前面。

综上所述，样式表的优先级规则为（前提是把链入式 < link > 放在内嵌式 < style > 的前面）：行内式 > 内嵌式 > 链入式，说明 CSS 样式表遵循就近原则。

任务实现

步骤 1：使用 HTML5 结构标签 header、nav、main、section、footer 建立 HTML 结构。
建立 index. html 页面的 HTML 结构，代码如下：

```
<!doctype html >
<html >
<head >
    <meta charset = "utf - 8">
    <title >腾科 IT 教育官网 </title >
    <link rel = "stylesheet" type = "text/css" href = "css/style. css">
</head >
```

```
<body>
    <header class = "header">
        <h1>腾科 IT 教育</h1>
</header>
<nav>
    <ul>
        <li><a href = "#">首页</a></li>
        <li>优选课程</li>
        <li>高校合作</li>
        <li>企业定制</li>
        <li>考试中心</li>
        <li>学习资源</li>
        <li><a href = "about.html">关于我们</a></li>
    </ul>
</nav>
<main class = "main">
    <img src = "images/banner1.jpg" width = "1200">
</main>
    <footer class = "footer">
        <p class = "center">Copyright &copy;2018 - 2021 广州……</p>
    </footer>
</body>
</html>
```

建立 about.html 页面的 HTML 结构，代码如下：

```
<!doctype html>
<html>
<head>
    <meta charset = "utf - 8">
    <title>腾科 IT 教育官网</title>
<link rel = "stylesheet" type = "text/css" href = "css/style.css">
</head>
<body>
    <header class = "header">
        <h1>腾科 IT 教育</h1>
</header>
    <nav>
        <ul>
            <li><a href = "index.html">首页</a></li>
```

```
                <li>优选课程</li>
                <li>高校合作</li>
                <li>企业定制</li>
                <li>考试中心</li>
                <li>学习资源</li>
                <li><a href="#">关于我们</a></li>
            </ul>
    </nav>
    <main class="main">
        <section>
            <h2>企业介绍</h2>
            <p>……</p>
            <p>……</p>
        </section>
        <section>
            <h2>企业文化</h2>
            <p>……</p>
        </section>
        <section>
            <h2>企业环境</h2>
            <p>……</p>
        </section>
    </main>
        <footer class="footer">
            <p class="center">Copyright &copy;2018 -2021 广州……</p>
        </footer>
    </body>
</html>
```

步骤 2：在网站根目录下新建一个 css 文件夹，用于存放外部样式表文件。在 css 文件夹下新建一个外部样式表 style.css。

步骤 3：在 style.css 中设置整站超链接的样式。

```
a{
    color:red;
    text -decoration:none;
}
a:hover{
    font -weight:bold;
}
```

步骤4：设置公共类（center）的样式，让文本居中对齐。

```
.center{
    text-align:center;
}
```

步骤5：设置 header、footer 类的样式。

```
.header{
    background-color:#900;
    height:100px;
}
.footer{
    background-color:#000;
    height:50px;
}
```

步骤6：使用伪元素选择器在 h2 标题前添加一个小图标。

```
h2::before{
    content:url(../images/1F.png);    /* 此方法不能调整图片大小*/
}
```

知识拓展

a:visited 只能设置字体颜色属性（color），设置下划线（text-decoration：underline）、字体加粗（font-weight：bold）等其他属性在浏览器中显示均无效，这是什么原因呢？这不是代码的问题，而是浏览器的限制。由于使用 a:visited 可能会暴露用户浏览信息记录，攻击者可能会据此判断用户曾经访问过的网站，造成不必要的损失，因此，浏览器决定限制 a:visited 的功能。

有时修改超链接后刷新，新的超链接颜色依然为 a:visited 设置的颜色，这是浏览器缓存的原因，清除缓存即可。

技能训练

使用本任务讲解的知识，实现图 3-1-11 所示的页面效果。

关键步骤

①建立 HTML 结构，使用语义化标签划分标题和段落。

```
<body>
    <article>
        <h1>什么是广域网</h1>
        <p>发布时间:2022-09-20 09:33:18</p>
```

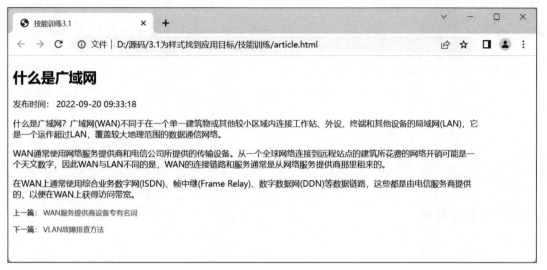

图 3 - 1 - 11

```
        <p>……</p>
        <p>……</p>
        <p>……</p>
        <p class = "next">上一篇：<a href = "#">WAN 服务提供商设备专有
名词</a></p>
        <p class = "next">下一篇：<a href = "#">VLAN 故障排查方法</a>
</p>
    </article>
</body>
```

②使用内嵌式样式表（写在＜head＞＜/head＞之间）设置页面各元素的样式。

```
<style>
    body{
        background - color:#f5f5f5;
    }
    article{
        width:800px;
        background - color:#fff;
    }
    a{
        color:#337ab7;
        text - decoration:none;
    }
    a:hover{
```

```
        color:#333;
    }
    p{
        font-size:14px;
    }
    .next{
        font-size:12px;
    }
</style>
```

📺 课后测试

一、单选题

1. 下列选项中，CSS 注释的写法正确的是（　　）。

A. <!-- 注释语句 -->　　　　　　　　B. /* 注释语句 */

C. /注释语句/　　　　　　　　　　　D. "注释语句"

2. 下列选项中，属于引入 CSS 外部样式表的方式是（　　）。

A. 行内式　　　　　B. 内嵌式　　　　　C. 链入式　　　　　D. 旁引式

3. 下列选项中，用来表示通配符选择器的符号是（　　）。

A. "＊"号　　　　　B. "#"号　　　　　C. "."号　　　　　D. ":"号

4. CSS3 中，用于为父元素中的第一个子元素设置样式的选择器是（　　）。

A. :last - child　　　B. :first - child　　　C. :not　　　　　D. :nth - child(n)

5. CSS3 中，用于为父元素中的倒数第 n 个子元素设置样式的选择器是（　　）。

A. :last - child　　　　　　　　　　　B. :nth - of - type(n)

C. :nth - last - child(n)　　　　　　　D. :nth - child(n)

6. 下面的选项中，CSS 行内式的基本语法格式正确的是（　　）。

A. <标记名　属性1:属性值1；属性2:属性值2；…>内容</标记名>

B. <标记名 style:"属性1:属性值1；属性2:属性值2；…">内容</标记名>

C. <标记名 style = "属性1:属性值1，属性2:属性值2，…">内容</标记名>

D. <标记名 style = "属性1:属性值1；属性2:属性值2；…">内容</标记名>

二、判断题

1. 内嵌式 CSS 样式只对其所在的 HTML 页面有效，因此，仅设计一个页面时，可以使用内嵌式。　　　　　　　　　　　　　　　　　　　　　　　　　　　　　（　　）

2. CSS3 带来了众多全新的设计体验，因此，所有的浏览器都完全支持它。　（　　）

3. 在链入式 CSS 样式中，一个 HTML 页面只能引入一个样式表。　　　　（　　）

4. 通配符选择器用 "＊"号表示，能匹配页面中所有的元素。　　　　　　（　　）

5. 在很多浏览器下，同一个 ID 可以应用于多个标记，浏览器并不报错，因此这种做法是合法的。　　　　　　　　　　　　　　　　　　　　　　　　　　　（　　）

任务 3.2 CSS 高级特性

任务描述

使用合适的选择器可以大幅提高 CSS 样式表的编写效率。在上一个任务中已经介绍过基础选择器，在本任务中将学习复合选择器、CSS 的重要特性及 CSS 的冲突与解决。通过本任务的学习，可以更轻松地控制页面中的元素。本任务要求使用复合选择器和 CSS 的重要特性优化任务 3.1 中的 about.html，实现图 3 – 2 – 1 所示效果。

任务效果图

任务效果图如图 3 – 2 – 1 所示。

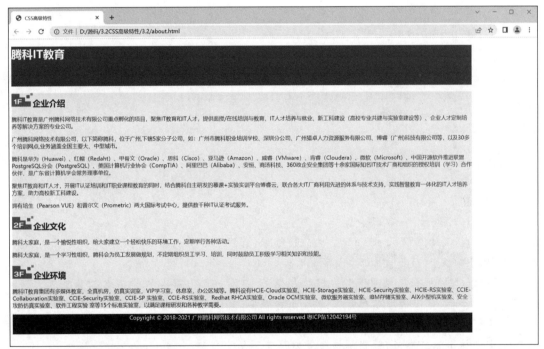

图 3 – 2 – 1

能力目标

◇ 熟悉 CSS 复合选择器的使用方法，能够使用复合选择器定义标签样式；
◇ 理解 CSS 优先级，能够区分复合选择器权重的大小；
◇ 理解当多个 CSS 样式应用到同一元素发生冲突时，浏览器所遵循的原则。

知识引入

1. 复合选择器

复合选择器由基础选择器组合而成，下面介绍几种常用的复合选择器：交集选择器、并集选择器、后代选择器、子代选择器。

（1）交集选择器

交集选择器由两个选择器组成，第一个为标记选择器，第二个为类选择器或 ID 选择器，两个选择器之间不能有空格，如 p. special 或 div#one。下面通过一个案例来进一步理解交集选择器。

例 3.2.1：交集选择器的使用。

```
<!doctype html >
<html >
<head >
    <meta charset = "uft - 8">
    <title >交集选择器的使用 </title >
    <style >
        p{background - color:#ccc;color:blue;}
        . special{font - style:italic;color:green;}
        p. special{color:red;}
    </style >
</head >
<body >
    <h2 >彭士禄 </h2 >
    <p class = "special">已故科学家(享年 96 岁),革命英烈彭湃之子,被誉为"中国核潜艇之父",被追授为"时代楷模"。 </p >
    <p >彭士禄是我国著名的核动力专家,中国核动力事业的开拓者和奠基者之一。20 世纪 50 年代,他隐姓埋名投身核潜艇研制事业,担任第一任核潜艇总设计师,为我国第一艘核潜艇成功研制作出了重要贡献。改革开放后,他负责引进大亚湾核电站,组织自主设计建造秦山核电站二期,引领我国核事业发展实现历史性跨越。 </p >
    </body >
    </html >
```

页面运行效果如图 3 - 2 -2 所示。

从图 3 - 2 -2 可以看出，第一段 <p >文本的样式是：红色斜体，背景颜色是灰色。通过这个案例，说明交集选择器 p. special 选择的样式是 p 标记选择器、special 类选择器和交集选择器 p. special 三个选择器样式的层叠，有冲突时，将选择优先级最高的样式执行（有关样式的优先级问题，请参考本任务的第 2 个知识点：CSS 的冲突与解决）。

（2）并集选择器

并集选择器可以一次性定义不同选择器的相同样式，从而简化 CSS 代码量。并集选择

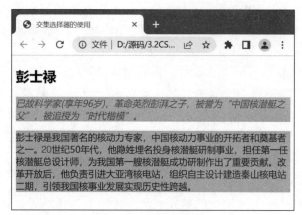

图 3 - 2 - 2

器是由两个或两个以上的任意选择器组成，不同选择器之间用英文逗号隔开。

示例代码：

```
h2,h3,.first{color:red;}
```

定义 h2、h3 和 first 类的文本颜色都是红色。

（3）后代选择器

后代选择器用于在标记出现嵌套时选择指定元素的后代，其写法是把外层标记写在前面，内层标记写在后面，中间用空格分隔，如下所示：

```
元素 1　元素 2{样式声明}
```

说明：

● 元素 1 是父元素，元素 2 是元素 1 的后代元素（可以是子元素或孙元素，只要是元素 1 的后代即可），最终选择的是元素 2。

● 元素 1 和元素 2 可以是任意基础选择器。

● 后代选择器不限于使用两个元素，如果需要加入更多的元素，只需要在元素之间加上空格即可。

例 3.2.2：后代选择器的使用。

```
<!doctype html >
<html >
<head >
    <meta charset = "uft - 8">
    <title >后代选择器的使用 </title >
    <style >
        span{color:red;}
        p span{background - color:#000;}
    </style >
</head >
<body >
```

```
<h2>感动中国2021年度人物:<span>彭士禄<span></h2>
<p>已故科学家(享年96岁),革命英烈彭湃之子,被誉为<span>"中国核潜
艇之父"</span>,被追授为"时代楷模"。</p>
<p>彭士禄是我国著名的核动力专家,中国核动力事业的开拓者和奠基者之一。
20世纪50年代,他隐姓埋名投身核潜艇研制事业,担任第一任核潜艇总设计师,为我国第
一艘核潜艇成功研制作出了重要贡献。改革开放后,他负责引进大亚湾核电站,组织自主设
计建造秦山核电站二期,引领我国核事业发展实现历史性跨越。</p>
</body>
</html>
```

页面运行效果如图3-2-3所示,只有p中的span元素被选中,它的背景色为黑色。

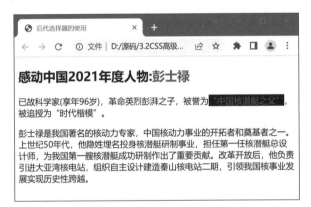

图3-2-3

(4) 子代选择器

子代选择器用于选择某个元素的子元素。例如选择p元素的span子元素,可以这样写:
p > span。

例3.2.3:子元素选择器的使用。

```
<!doctype html>
<html>
<head>
    <meta charset="uft-8">
    <title>子元素选择器的使用</title>
    <style>
        p>span{color:red;}
    </style>
</head>
<body>
    <h2>感动中国2021年度人物:<span>江梦南<span></h2>
    <p>半岁时,江梦南双耳失聪,但她通过读唇语学会了"听"和"说"。凭借优秀的学习
成绩,她成为家乡小镇上近年来唯一考上重点大学、最终到清华念博士的学生。江梦南的目
```

标始终是明确的,那就是解决生命健康的难题。</p>

　　　　<h3>《感动中国》写给江梦南的颁奖词:</h3>

　　　　<p>你觉得,你和我们一样,我们觉得,是的,但你又那么不同寻常。从无声里突围,你心中有嘹亮的号角。新时代里,你有更坚定的方向。<span>先飞的鸟,一定想飞得更远。迟开的你,也鲜花般怒放。</span></p>

　　　　<p>江梦南父亲总是对女儿说,"不要和别人比。有些人近视,就需要戴眼镜。有些人腿脚不好,就要拄拐杖。"<strong><span>"你和别人没什么不同,每个人都有难题,都需要自己克服。"</span></strong></p>

　　</body>

　　</html>

　　页面运行效果如图3-2-4所示,只有p的span子元素被选中,文本颜色为红色,p的span孙元素没有被选中。

图3-2-4

2. CSS 的冲突与解决

CSS 有3个非常重要的特性:层叠性、继承性和优先级。

（1）层叠性

层叠性是指多种 CSS 样式的叠加。例如,当使用内嵌式样式表定义 <p> 标记字号大小为20像素,链入式样式表定义 <p> 标记颜色为红色时,那么段落文本将显示为20像素红色,即这两种样式产生了叠加。

（2）继承性

继承性是指子元素会继承父元素的某些属性,例如 color 及以 text-、font-、line-开头的属性可以继承。并不是所有的 CSS 属性都可以继承,例如元素的宽高、内外边距、边框、背景、定位等属性就不具有继承性。

恰当地使用继承可以简化代码,降低 CSS 样式的复杂性。

（3）优先级

定义 CSS 样式时，经常会出现多个规则应用在同一元素上，这时就会出现优先级的问题。

例 3.2.4：优先级问题。

```
<!doctype html >
<html >
<head >
    <meta charset = "uft - 8">
    <title >优先级问题 </title >
    <style >
        body{color:red;}
        p{color:green ! important;}
        .blue{color:blue;}
        #orange{color:orange;}
    </style >
</head >
<body >
    <p class = "blue" id = "orange" style = "color:pink;" >我到底是什么
颜色？ </p >
</body >
</html >
```

页面运行效果如图 3 - 2 - 5 所示。

图 3 - 2 - 5

从图 3 - 2 - 5 可以看出，p 元素文字最终显示为绿色。通过这个案例，发现浏览器解析时应用样式的顺序如下：

①先应用浏览器自身的默认样式；

②再应用从父级元素继承过来的样式；

③标记选择器样式；

④类选择器样式；

⑤ID 选择器样式；

⑥行内式样式。

⑦!important 命令的样式。

其实 CSS 给每一种基础选择器都分配了一个权重，见表 3 - 2 - 1。

表 3 - 2 - 1

选择器	选择器权重
继承，通配符选择器 *	0，0，0，0
标记选择器	0，0，0，1
类选择器，伪类选择器	0，0，1，0
ID 选择器	0，1，0，0
行内式	1，0，0，0
!important	最大

权重由 4 位数字组成，如果是复合选择器，则会有权重叠加，但永远不会进位。可以理解为类选择器的权重永远大于标记选择器的权重，id 选择器的权重永远大于类选择器的权重，依此类推。

权重也可以这样简单记忆：继承和通配符选择器的权重为 0，标记选择器为 1，类和伪类选择器为 10，id 选择器为 100，行内式为 1000。

继承的权重为 0，即不管父元素的权重有多大，被子元素继承时，权重都为 0。

当多个 CSS 样式应用到同一元素发生冲突时，浏览器遵循以下原则来解决 CSS 冲突：

①先看权重，权重大的优先级高。

②权重相同时，遵循就近原则（即同一属性的样式定义，后面定义的样式会覆盖前面定义的样式）。

③!important 命令具有最高的优先级，即不管权重多少及样式位置的远近，!important 都具有最高的优先级。需要注意的是，!important 命令必须写在属性值和分号之间，否则无效。

任务实现

步骤 1：使用任务 3.1 完成的 about. html 页面，删除 nav 部分和 footer 中 p 元素使用的 center 类，给三个 section 分别添加三个不同的类：aboutUs、culture 和 environment。

```
<!doctype html >
<html >
<head >
    <meta charset = "utf - 8">
    <title >CSS 高级特性 </title>
<link rel = "stylesheet" type = "text/css" href = "css/style. css">
</head >
<body >
    <header class = "header">
        <h1 >腾科 IT 教育 </h1>
```

```
    </header>
    <main class = "main">
        <section class = "aboutUs">
            <h2>企业介绍</h2>
            <p>……</p>
            <p>……</p>
        </section>
        <section class = "culture">
            <h2>企业文化</h2>
            <p>……</p>
        </section>
        <section class = "environment">
            <h2>企业环境</h2>
            <p>……</p>
        </section>
    </main>
        <footer class = "footer">
            <p>Copyright &copy;2018 - 2021 广州……</p>
        </footer>
    </body>
    </html>
```

步骤 2：在网站根目录下新建一个 css 文件夹，用于存放外部样式表文件。在 css 文件夹下新建一个外部样式表 style. css。

步骤 3：在 style. css 中设置 body 的样式，基于 CSS 继承的特性，body 中的所有元素都会继承 body 的 font - size 和 color 属性，从而简化代码。

```
body{
    font - size:14px;
    color:#333;
}
```

步骤 4：设置 header、main 类的样式，header 中的 h1 会继承 header 的 color 属性。

```
.header{
    background - color:#900;
    height:100px;
    color:#fff;
}
.main{
    background - color:#f5f5f5;
}
```

步骤5：设置 footer 类的样式，footer 中的 p 会继承 color 和 text‐align 属性。

```
.footer{
    background‐color:#000;
    height:50px;
    color:#fff;
    text‐align:center;
}
```

步骤6：使用并集选择器一次性定义 header、main 和 footer 的宽度。

```
.header,.main,.footer{
    width:1200px;
}
```

步骤7：使用后代选择器和伪元素选择器，在不同的 h2 标题前添加不同的小图标。

```
.aboutUs h2::before{
    content:url(../images/1F.png);
}
.culture h2::before{
    content:url(../images/2F.png);
}
.environment h2::before{
    content:url(../images/3F.png);
}
```

知识拓展

掌握了前面介绍的 CSS 选择器之后，可以再进一步了解以下几个选择器，见表 3‐2‐2。其中，属性选择器中的 E 表示 HTML 标记，E 可以省略。

表 3‐2‐2

选择器	示例	示例说明
属性选择器 E[attribute]	[target]	选择有 target 属性的所有元素
属性选择器 E[attribute = value]	[target = "_blank"]	选择 target = "_blank"属性的所有元素
属性选择器 E[attribute^ = value]	a[href^ = "https"]	选择 href 属性值以" https" 开头的所有 a 元素
属性选择器 E[attribute $ = value]	a[href $ = ". pdf"]	选择 href 属性值以". pdf"结尾的所有 a 元素
属性选择器 E[attribute * = value]	[class * = bg]	选择 class 属性值包含子串 bg 的所有元素
相邻兄弟选择器	h2 + p	选择紧跟着 h2 的 p 元素
普通兄弟选择器	h2 ~ p	选择 h2 后面的 p 元素

📖 **技能训练**

使用本任务讲解的知识，实现图 3 - 2 - 6 所示的页面效果。

图 3 - 2 - 6

📖 **关键步骤**

①使用任务 3.1 中技能训练完成的 article. html 页面，加上面包屑导航及图片，HTML 结构如下：

```
< body >
    < div class = "breadcrumb" > 当前位置: < a href = "#" > 首页 </a > > > < a
href = "#" > 学习文章 </a > > > </div >
    < article >
        < h1 > 什么是广域网 </h1 >
```

```
        <p>发布时间:2022 - 09 - 20 09:33:18</p>
        <p>……</p>
        <p>……</p>
        <p>……</p>
        <p>……</p>

        <div class = "center"> <img src = "images/1.jpg" alt = "广域网
概述"> </div>
        <div class = "center">图 1 广域网概述</div>

        <p class = "next">上一篇: <a href = "#">WAN 服务提供商设备专有
名词</a> </p>
        <p class = "next">下一篇: <a href = "#">VLAN 故障排查方法</a>
</p>
    </article>
</body>
```

②在内嵌式样式表中设置面包屑导航的样式及图片居中的样式。

```
<style>
    .breadcrumb{
        width:800px;
        height:40px;
        background - color:#ccc;
        text - align:right;
    }
    .center{
        text - align:center;
    }
</style>
```

课后测试

一、单选题

1. 当<p>标记内嵌套<strong>标记时，就可以使用后代选择器对其中的<strong>标记进行控制，下列写法正确的是（　　　）。

A. strong p{color:red;}　　　　　B. p strong{color:red;}

C. strong,p{color:red;}　　　　　D. p.strong{color:red;}

2. 页面上的 div 标签的 HTML 结构如下：

```
<div id = "father">
```

```
<p class = "son">段落文字 </p>
</div>
```

对应的 CSS 样式代码如下:

```
#father #son{color:red;}
#father p{color:blue;}
div.son{color:yellow;}
div p{color:green;}
```

那么,文字的颜色将显示为 (　　)。

A. 红色　　　　　　B. 蓝色　　　　　　C. 黄色　　　　　　D. 绿色

3. 下列选项中,符合后代选择器书写要求的是 (　　)。

A. p strong{font－weight:bold;}　　　　B. p. strong{font－weight:bold;}

C. p,strong{font－weight:bold;}　　　　D. p#div{font－weight:bold;}

二、多选题

下列选项中,关于并集选择器的书写格式,正确的是 (　　)。

A. p,. one{}　　　　　　　　　　B. p. one{}

C. p,. one,#two,div. box{}　　　　D. p_. one{}

三、判断题

1. 后代选择器用来选择元素或元素组的后代,其写法就是把内层标记写在前面,外层标记写在后面,中间用空格分隔。 (　　)

2. 一个 HTML 元素可以使用多个类,如 < div class = "box center red" > </div >。 (　　)

3. 如果行内样式表中规定 < div id = "box" style = "color:red;" > </div >,内嵌样式表规定#box{color:green ! important;},因为行内样式表的 CSS 优先级小于!important 的优先级,所以#box 文字颜色为绿色。 (　　)

4. 在 CSS 中,元素的内、外边距属性都不具有继承性。 (　　)

四、简答题

表 3－2－3 中各复合选择器的权重是多少?

表 3－2－3

复合选择器	权重
div ul li	
. nav ul li	
a:hover	
. nav a	

任务3.3　CSS文本修饰

任务描述

前面已经学习了 HTML5 和 CSS3 的基础知识，但是即使掌握了这些概念和基本用法，想要制作出一个美观的页面，还是会遇到各种各样的问题。原因在于对 CSS 样式的属性了解太少，想要控制页面元素的位置和外观却无从下手。本任务使用 CSS 字体属性和 CSS 文本属性美化任务3.2 中的 about. html，完成后的效果如图 3 – 3 – 1 所示。

任务效果图

任务效果图如图 3 – 3 – 1 所示。

图 3 – 3 – 1

能力目标

◇ 掌握 CSS 字体属性；

✧ 掌握 CSS 文本属性；

✧ 掌握使用 CSS 样式控制网页中的文本外观的技巧。

知识引入

要完成本任务，需要先学习字体属性和文本属性。

1. 字体属性

为了更方便地控制网页中的字体，CSS 提供了一系列的字体样式属性，具体如下。

（1）字体类型 font – family

font – family 用于设置字体类型，例如把网页中的所有字体都设置为微软雅黑，示例代码如下：

```
body{font – family:"微软雅黑";}
```

font – family 还可以同时指定多个字体，各字体之间用英文逗号分隔，浏览器显示文本内容时，将按指定字体的先后顺序选择其中一个字体。如果用户计算机中没有安装第 1 个字体，则会尝试使用下一个字体，当 font – family 属性指定的字体都没有安装时，则使用通用字体族中的字体。示例代码如下：

```
body{font – family:Georgia,"Times New Roman","微软雅黑","黑体";}
```

使用 font – family 属性设置字体时，需要注意以下几点：

● 中文字体需要加英文引号，英文字体不需要加引号，但如果英文字体名称中包含空格，则必须加引号，例如 "Times New Roman"。

● 当需要同时设置中英文字体时，英文字体必须位于中文字体之前。

● 尽量使用系统默认字体，以保证网页中的文字在任何用户的浏览器中都能正确显示。

（2）字体大小 font – size

font – size 用于设置字体大小，语法如下：

```
font – size:medium |length |% |inherit
```

上面列出了 font – size 常用的几个属性值，这些属性值的描述见表 3 – 3 – 1。

表 3 – 3 – 1

属性值	描述
medium	浏览器的默认值，大小为 16 px（如果不设置，同时父元素也没有设置字体大小，则字体大小使用该值）
length	某个固定值，常用单位有 px（像素，是绝对单位）和 em（相对于当前元素的字体尺寸，是相对单位，如果当前字体大小为 16 px，则 2 em 就是 32 px）
%	基于父元素或默认值的百分比值
inherit	继承父元素的字体尺寸

推荐使用长度单位 px，例如，设置网页中所有段落文字大小为 18 px，示例代码如下：

```
p{font – size:18px;}
```

（3）字体粗细 font – weight

font – weight 属性用于定义字体的粗细，其可用属性值见表 3 – 3 – 2。

表 3 – 3 – 2

属性值	描述
normal	默认值，定义标准粗细的字体
bold	粗体字
bolder	更粗的字体
lighter	更细的字体
100 ~ 900（100 的整数倍）	定义由细到粗的字体。 其中，400 相当于 normal，700 相当于 bold，值越大，字体越粗

在实际应用中，常用 normal 显示正常粗细的字体，bold 显示加粗的字体。

有些标记默认是加粗的，例如 < h1 > ~ < h6 > 标题标记，如果不想让标题标记中的文本加粗显示，可以使用 font – weight:normal 来取消加粗样式。

（4）字体风格 font – style

font – style 属性用于定义字体风格，如设置斜体、倾斜或正常字体，其属性值如下。

- normal：默认值，标准字体风格；
- italic：斜体字；
- oblique：倾斜的字体。

italic 斜体字和 oblique 倾斜的字体，两者在显示效果上没有区别，但在实际应用中常用 italic。

（5）综合设置字体样式 font

如果需要同时设置多个字体样式，可以使用 font 属性对字体样式进行综合设置，其基本语法格式如下：

```
font:font – style font – weight font – size/line – height font – family;
```

使用 font 属性时，必须按照上面语法格式中的顺序书写，各个属性用空格分隔。其中，line – height 指的是行高，将在文本属性中介绍。示例代码如下：

```
p{
    font – family:Arial,"微软雅黑";
    font – size:20px;
    font – style:italic;
    font – weight:bold;
    line – height:1.5em;
}
```

等价于：

```
p{font:italic bold 20px/1.5 Arial,"微软雅黑";}
```

要想使 font 定义的样式有效，font – size 和 font – family 的值是必需的。如果缺少其他值之一，则会使用其默认值。另外，font－size 和 line－height 必须通过"/"组成一个值，不能分开写。

（6） @ font－face 规则

前面讲过使用 font－family 设置字体类型，使用 font－family 设置的字体能否在用户的浏览器中正确显示，取决于用户的计算机中是否安装了该字体，但是经常看到一些网站使用了特殊字体来美化网页，而这些字体在用户的计算机中并没有安装，那么如何在页面中显示用户计算机中没有安装的字体呢？目前比较成熟的解决方案有两个：方案一是将特殊字体做成图片；方案二是使用 CSS3 的@ font－face 规则，引入存放在服务器中的在线字体，这也是主流网站的首选方案。

@ font－face 用于定义服务器字体，基本语法格式如下所示：

```
@ font-face{
    font-family:字体名称;
    src:字体路径;
}
```

字体名称可以随意定义，字体路径指字体存放的位置。

例 3.3.1：@ font－face 规则。

```
<!doctype html >
<html >
<head >
    <meta charset = "uft-8">
    <title >@ font-face 规则 </title >
    <style >
    @ font-face{
        font-family:myfont;
        src:url(font/FZJZJW. TTF)
    }
    p{
        font-family:myfont;
        font-size:30px;
    }
    </style >
</head >
<body >
    <p >白日依山尽,黄河入海流。 </p >
    <p >欲穷千里目,更上一层楼。 </p >
</body >
</html >
```

页面运行效果如图 3－3－2 所示。

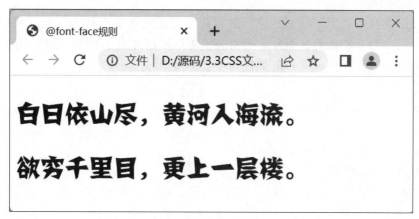

图 3 - 3 - 2

使用@ font - face 定义服务器字体后，还需要使用 font - family 属性应用该字体，如例 3.3.2 所示，p 元素要使用 font - family: myfont; 应用@ font - face 定义的 myfont 字体。

2. 文本属性

（1）文本颜色 color

color 属性用于定义文本的颜色，可以使用以下 3 种取值方式：

- 预定义的颜色值，如 red、blue 等。
- 十六进制，如#FF0000、#00CC99 等，在实际开发中，最常用的就是这种方式。
- RGB 代码，如红色可以表示为 rgb（255，0，0）或 rgb（100%，0%，0%）。注意，0% 中的% 不能省略。

（2）字间距 letter - spacing 和单词间距 word - spacing

letter - spacing 属性用于定义字间距（字符与字符之间的空白）。

word - spacing 属性用于定义英文单词之间的间距，对中文字符无效。

word - spacing 和 letter - spacing 的属性值是不同单位的数值，允许使用负值，默认值 normal 等同于把值设为 0。

word - spacing 和 letter - spacing 都可以对英文进行设置，letter - spacing 定义的是字母之间的间距，而 word - spacing 定义的是英文单词之间的间距。

（3）行间距 line - height

line - height 属性用于设置行与行之间的距离，也叫行高。

line - height 属性常用的取值单位有像素（px）、倍率（em）和百分比（%）。

（4）首行缩进 text - indent

text - indent 属性用于设置首行文本的缩进，其属性值可以是不同单位的数值。常用的取值单位有像素（px）、倍率（em）和百分比（%），建议使用 em，允许使用负值。

（5）水平对齐 text - align

text - align 属性用于设置文本内容的水平对齐，其属性值有：

- left：左对齐（默认值）。
- right：右对齐。
- center：居中对齐。

- justify：两端对齐。

text – align 属性仅适用于块级元素，对行内元素无效（关于行内元素和块级元素的内容，将在后面介绍）。如果要让图片水平对齐，可以给图片添加一个父元素（如 < div >），然后对添加的父元素应用 text – align 属性即可。

（6）文本装饰 text – decoration

text – decoration 属性用于设置文本的下划线、上划线、删除线等装饰效果，其属性值有：

- none：没有装饰（正常文本默认值）。
- underline：下划线。
- overline：上划线。
- line – through：删除线。

text – decoration 属性可以同时设置多个值，各值之间使用空格分隔。例如，设置文本同时有下划线和删除线效果，代码如下所示：

```
text - decoration:underline line - through;
```

（7）文本转换 text – transform

text – transform 属性用于控制英文字符的大小写，其属性值有：

- none：不转换（默认值）。
- capitalize：首字母大写。
- uppercase：全部字符转换为大写。
- lowercase：全部字符转换为小写。

（8）文字阴影 text – shadow

text – shadow 属性可以为页面中的文字添加阴影效果，其语法如下所示：

```
text - shadow:h - shadow v - shadow blur color;
```

各个值的说明见表 3 – 3 – 3。

表 3 – 3 – 3

属性值	说明
h – shadow	必选，阴影水平偏移距离，允许负值
v – shadow	必选，阴影垂直偏移距离，允许负值
blur	可选，阴影模糊半径
color	可选，阴影颜色。如果不设置，阴影颜色默认为字体颜色

比如，给例 3.3.1 中的文字添加阴影：

```
p{text - shadow:4px 5px 6px gray;}
```

文字阴影水平偏移 4 px，垂直偏移 5 px，模糊半径 6 px，颜色是 gray，如图 3 – 3 – 3 所示。

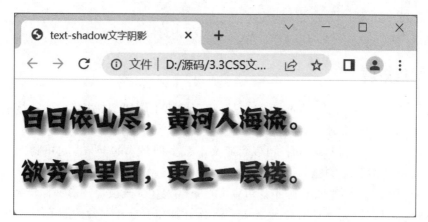

图 3 – 3 – 3

任务实现

步骤 1：继续使用任务 3.2 的 about. html 页面和外部样式表 style. css。

步骤 2：在 style. css 中继续添加样式。

设置 main 中 p 的样式，如果使用标记选择器 p，代码如下所示，会影响 footer 中 p 的样式。

```
p{
    line - height:30px;
    text - align:justify;
    text - indent:2em;
}
```

可以使用后代选择器. main p 解决这个问题，这样 footer 中 p 的样式就不会受到影响了，代码如下所示。设置行间距、文本对齐方式为两端对齐，首行缩进 2 em。

```
.main p{
    line - height:30px;
    text - align:justify;
    text - indent:2em;
}
```

步骤 3：设置 h2 标题的样式。

字体为楷体不加粗，字体大小 30 px，再加一个文字阴影（阴影颜色默认为字体颜色）。

```
h2{
    font - family:'楷体';
    font - size:30px;
    font - weight:normal;
```

```
    text - shadow:2px 2px 4px;
  }
```

📖 知识拓展

Iconfont（https://www.iconfont.cn/）是阿里巴巴旗下阿里妈妈 MUX 团队打造的图标管理平台，是设计师和前端开发者的图标管理工具。

设计师将图标上传到 Iconfont，可以自定义下载多种格式的 icon，也可将图标转换为字体，方便前端工程师自由调整与使用。

通过这个免费的工具，设计师不仅可以浏览下载大量优秀设计师的图标作品，还可以管理和展示自己设计的图标。其已经成为很多 UI 设计师和前端开发者日常工作的必备工具。

📖 技能训练

使用本任务讲解的知识，实现图 3 - 3 - 4 所示的页面效果。

图 3 - 3 - 4

📖 关键步骤

①建立 HTML 结构，使用语义化标签划分标题和段落。
②使用内嵌式样式表设置页面各元素的样式。
标题：使用@ font - face 自定义字体，红色居中加阴影，设置字间距、上划线和下划线。

```
@ font - face{
    font - family:myfont;
    src:url(font/FZJZJW. TTF);
}
```

```
h2{
    font:40px myfont;
    color:red;
    text-align:center;
    letter-spacing:0.5em;
    text-decoration:overline underline;
    text-shadow:2px 2px 5px gray;
    }
```

段落：设置中英文使用的字体、字体大小、行高、两端对齐、首行缩进，设置英文大写。

```
p{
    font-family:'Times New Roman',Times,"微软雅黑",serif;
    font-size:20px;
    line-height:1.5;
    text-align:justify;
    text-indent:2em;
    text-transform:uppercase;
}
```

🖥 课后测试

一、单选题

1. 页面上的 div 标签，其 HTML 代码为 < div id = "box" style = "color:red" > 文字 </div > ，为其设置 CSS 样式如下：

```
#box{color:blue;}
```

那么，文字的颜色将显示为（　　　）。

A. 红色　　　　　　B. 蓝色　　　　　　C. 黑色　　　　　　D. 以上选项都不正确

2. 页面上的 div 标签，其 HTML 代码为 < div id = "box"class = "red" > 文字 </div > ，为其设置 CSS 样式如下：

```
#box{color:blue;}
.red{color:red;}
```

那么，文字的颜色将显示为（　　　）。

A. 红色　　　　　　B. 蓝色　　　　　　C. 黑色　　　　　　D. 白色

3. 在 CSS 中，提供了字体样式属性来控制网页中的字体，下面的字体样式设置正确的是（　　　）。

A. ｛font-family:黑体;｝　　　　　　　　B. ｛font-family:"黑体";｝

C. ｛fontFamily:"黑体";｝　　　　　　　D. ｛font-Family:"黑体";｝

4. 在 CSS 中，用于设置首行文本缩进的属性是（　　　）。

A. text – decoration 　　B. text – align 　　　C. text – transform 　　D. text – indent

5. 关于行内式引入 CSS 样式表，以下书写正确的是（　　　）。

A. ＜p style = font – size:12px;color:red;＞段落文本＜/p＞

B. ＜p style = "font – size:12px,color:red;"＞段落文本＜/p＞

C. ＜p style = "font – size:12px;color:red;"＞段落文本＜/p＞

D. ＜p style = "font:12px;color:red;"＞段落文本＜/p＞

6. 如果使用内嵌式 CSS 样式表定义＜p＞标记字号为 12 像素，链入式 CSS 样式表定义＜p＞标记颜色为红色，那么段落文本将显示为（　　　）。

A. 只显示 12 像素　　　　　　　　B. 12 像素红色

C. 只显示红色　　　　　　　　　　D. 以上都不正确

二、多选题

1. 下面选项中，CSS 样式书写正确的是（　　　）。

A. p{font – size:12px;color:red;}　　　　B. p{font – size = 12px;color = red}

C. p{font – size:12px;}　　　　　　　　D. p{font – size:12;color:red;}

2. text – decoration 属性用于设置文本的下划线、上划线、删除线等装饰效果，其可用属性值有（　　　）。

A. none　　　　　　B. underline　　　　C. overline　　　　　D. line – through

3. 在 CSS 中定义字体的粗细，以下书写正确的是（　　　）。

A. p{font – weight:bold;}　　　　　　B. p{font – weight:bolder;}

C. p{font – weight:"bolder";}　　　　D. p{font – weight:500;}

4. 使用 font – family 设置字体时，以下书写正确的是（　　　）。

A. body{font – family:Arial,"微软雅黑","宋体","黑体";}

B. body{font – family:"微软雅黑","宋体","黑体",Arial;}

C. body{font – family:"Times New Roman";}

D. body{font – family:Times New Roman;}

任务 3.4　CSS 盒子模型

任务描述

CSS 盒子模型是网页布局的基础，本任务使用盒子模型的相关知识继续完善任务 3.3 中的 about.html 页面，完成后的效果如图 3 – 4 – 1 所示。

任务效果图

任务效果图如图 3 – 4 – 1 所示。

能力目标

◇ 掌握盒子模型基础知识；

图 3 - 4 - 1

◇ 掌握盒子大小的计算；
◇ 掌握外边距合并的解决方法；
◇ 了解 CSS3 新增盒子模型属性；
◇ 了解 CSS 样式重置的方法。

知识引入

1. 盒子模型基础知识

　　盒子模型是网页布局的基础，为了更形象地认识盒子模型，先来看一个相框示意图，如图 3 - 4 - 2 所示。把每个相框都看成一个矩形的盒子，每个相框的边框（border）有边框颜色（border - color）、边框宽度（border - width）和边框样式（border - style）属性。相框中的图片和边框之间的距离叫作内边距（padding），相框和相框之间的距离叫作外边距（margin）。

　　所谓盒子模型，就是把 HTML 页面中的所有元素都看作一个个矩形盒子。每个矩形盒子都由元素的内容、内边距（padding）、边框（border）和外边距（margin）组成。打开 Chrome 浏览器的开发者工具（按 F12 键或鼠标右键单击页面空白处，在弹出的菜单中单击"检查"），在左侧选择一个 HTML 元素，右侧则显示该元素的样式和盒子模型，如图 3 - 4 -

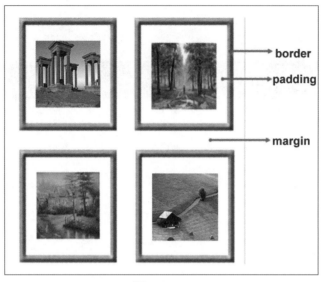

图 3 – 4 – 2

3 所示。可以看到网页就是由多个盒子通过不同的排列方式（上下排列、并列排列、嵌套排列）堆积而成的。只是在一般情况下盒子没有设置边框，背景色是透明，所以看不见盒子。

图 3 – 4 – 3

（1）盒子模型基本属性

要想随心所欲地控制盒子的样式，就要掌握盒子模型的相关属性。下面先介绍盒子模型最基本的属性：内边距（padding）、外边距（margin）、边框（border），见表3-4-1。

表3-4-1

设置内容	属性	作用	说明
内边距（padding）	padding - top	上内边距	padding 用于控制元素内容与边框之间的距离
	padding - right	右内边距	
	padding - bottom	下内边距	
	padding - left	左内边距	
	padding	综合设置内边距	
外边距（margin）	margin - top	上外边距	margin 用于控制盒子与盒子之间的距离
	margin - right	右外边距	
	margin - bottom	下外边距	
	margin - left	左外边距	
	margin	综合设置外边距	
边框样式（border - style）	border - top - style	上边框样式	常用属性： none（无边框，默认值） solid（单实线） dashed（虚线） dotted（点线） double（双实线）
	border - right - style	右边框样式	
	border - bottom - style	下边框样式	
	border - left - style	左边框样式	
	border - style	综合设置边框样式	
边框宽度（border - width）	border - top - width	上边框宽度	注意： 　设置边框宽度时，必须同时设置边框样式，如果没有设置边框样式或设置为 none，则边框宽度设置无效
	border - right - width	右边框宽度	
	border - bottom - width	下边框宽度	
	border - left - width	左边框宽度	
	border - width	综合设置边框宽度	
边框颜色（border - color）	border - top - color	上边框颜色	注意： 　设置边框颜色时，必须同时设置边框样式，如果没有设置边框样式或设置为 none，则边框颜色设置无效。 　边框颜色的默认值是元素本身的文本颜色
	border - right - color	右边框颜色	
	border - bottom - color	下边框颜色	
	border - left - color	左边框颜色	
	border - color	综合设置边框颜色	

续表

设置内容	属性	作用	说明
综合设置边框 (border)	border – top	上边框	border：border – width | bor-der – style | border – color (border – width、border – style 和 border – color 的顺序任意，不分先后，可以只设置需要的属性，省略的属性将取默认值，但 border – style 不能省略)
	border – right	右边框	
	border – bottom	下边框	
	border – left	左边框	
	border	综合设置边框	

padding、margin、border – style、border – width、border – color 的属性值都可以简写，可以设置 1~4 个值，这里以 padding 为例，见表 3 – 4 – 2。

表 3 – 4 – 2

值的个数	说明
padding：10px；	1 个值，表示上、右、下、左内边距都是 10 px
padding：10px 20px；	2 个值，表示上、下是 10 px，左、右是 20 px
padding：10px 20px 30px；	3 个值，表示上是 10 px，左、右是 20 px，下是 30 px
padding：10px 20px 30px 40px；	4 个值，表示上是 10 px，右是 20 px，下是 30 px，左是 40 px，即顺时针

例 3.4.1：盒子模型基本属性。

```
<!doctype html >
<html >
<head >
    <meta charset = "uft – 8">
    <title >盒子模型基本属性 </title >
    <style >
        div{
            width:200px;
            border – style:solid;
            border – width:10px;
            border – color:red green blue yellow;
            padding:10px 20px 30px 40px;
        }
    </style >
</head >
<body >
<div >设置边框宽度或颜色时,必须同时设置边框样式,如果没有设置边框样式或设置为 none,则边框宽度和颜色设置无效。 </div >
```

```
    </body >
    </html >
```

页面运行效果如图 3 – 4 – 4 所示。

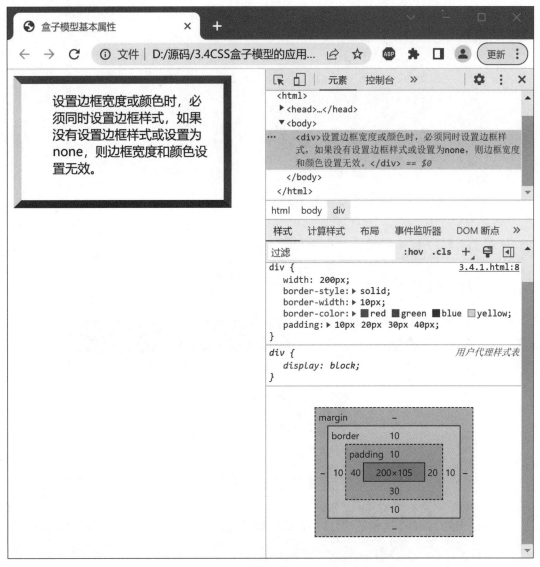

图 3 – 4 – 4

（2）块级元素水平居中

设置外边距可以让块级元素（将在任务 3.6 介绍）水平居中，但是必须满足两个条件：

- 必须设置宽度（width）；
- 把左、右外边距都设置为 auto。

例 3.4.2：块级元素水平居中。

```
<!doctype html >
```

```
<html >
<head >
    <meta charset = "uft -8">
    <title >块级元素水平居中 </title >
    <style >
        div{
            width:200px;
            background -color:skyblue;
            margin:0 auto;
        }
    </style >
</head >
<body >
<div >设置外边距可以让块级元素水平居中,但是必须先设置 width。 </div >
</div >
</body >
</html >
```

页面运行效果如图 3 –4 –5 所示。

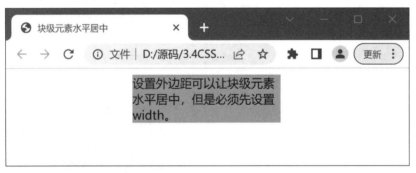

图 3 –4 –5

除了 margin:0 auto; 这种写法，还有以下两种写法：

```
margin -left:auto;margin -right:auto;
margin:auto;
```

注意：上面的方法是让块级元素水平居中，行内元素或行内块元素（将在任务 3.6 中介绍）的水平居中是给其父元素添加 text -align:center。

2. 盒子大小的计算

在 CSS 中使用宽度属性 width 和高度属性 height 对盒子的大小进行控制。width 和 height 的值可以是不同单位的数值或相对于父元素的百分比。

默认情况下，给盒子设置 width 和 height，实际上设置的是内容的宽度和高度。例如，给两个盒子 box1 和 box2 设置 width 和 height 都为 100 px，这时如果再给 box2 添加一个 pd

类，设置 5 px 的内边距和 5 px 的边框，则会使 box2 变大，box2 实际占据空间的宽度和高度为 120 px，如图 3 - 4 - 6 所示。

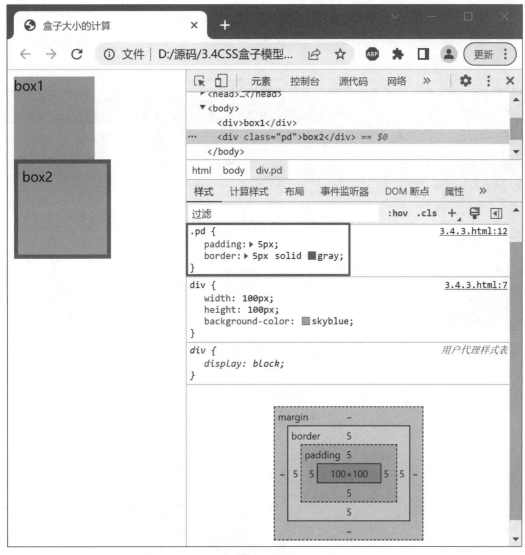

图 3 - 4 - 6

如果想使 box2 和 box1 占据的空间一样大，可以把 box2 的 width 和 height 都修改为 80 px，但是 box2 的内边距或边框的值一旦发生变化，又要重新修改 width 和 height 的值，这样非常麻烦。这时可以通过修改 box - sizing 属性，改变盒子大小的计算方式来解决这个问题。

box - sizing 属性用于定义盒子的宽度值和高度值是否包含元素的内边距和边框，语法如下：

```
box - sizing:content - box/border - box;
```

在上面的语法格式中，box - sizing 属性的取值可以为 content - box 或 border - box，说明

如下：

• content – box：默认值，width 和 height 的值是内容的宽度和高度，不包含内边距和边框。

• border – box：width 和 height 的值将包含内边距和边框。

给 box2 添加 box – sizing 属性，并设置为 border – box，box2 和 box1 占据的空间就一样大了，如图 3 – 4 – 7 所示。

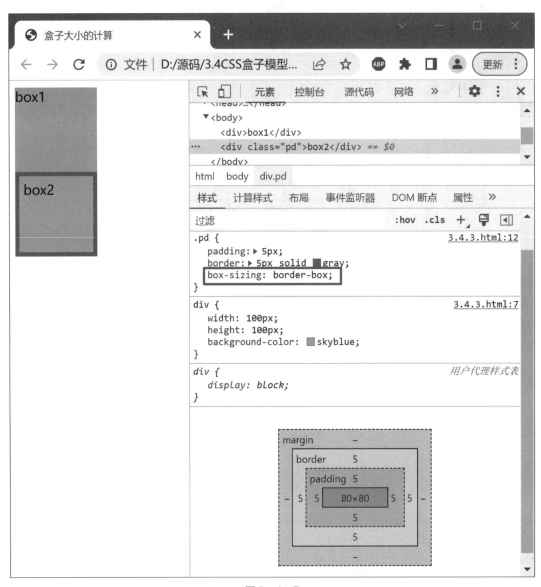

图 3 – 4 – 7

例 3.4.3：盒子大小的计算。

```
<!doctype html >
<html >
```

```
<head>
    <meta charset="uft-8">
    <title>盒子大小的计算</title>
    <style>
        div{
            width:100px;
            height:100px;
            background-color:skyblue;
        }
        .pd{
            padding:5px;
            border:5px solid gray;
            box-sizing:border-box;
        }
    </style>
</head>
<body>
    <div>box1</div>
    <div class="pd">box2</div>
</body>
</html>
```

3. 外边距合并

使用 margin 定义块级元素的垂直外边距时，可能会出现外边距合并的情况。

主要有两种情况：

● 相邻块元素垂直外边距的合并。

● 嵌套块元素垂直外边距的合并。

（1）相邻块元素垂直外边距的合并

当上下相邻的两个块级元素（兄弟关系）相遇时，如果上面的元素有下外边距 margin-bottom，下面的元素有上外边距 margin-top，则它们之间的垂直间距不是 margin-bottom 与 margin-top 之和，而是取两个值中的较大者，这种现象被称为相邻块元素垂直外边距的合并。

例 3.4.4：相邻块元素垂直外边距的合并。

```
<!doctype html>
<html>
<head>
    <meta charset="uft-8">
    <title>相邻块元素垂直外边距的合并</title>
    <style>
```

```
        .box1,.box2{
            width:100px;
            height:100px;
        }
        .box1{
            background - color:gray;
            margin - bottom:50px;
        }
        .box2{
            background - color:skyblue;
            margin - top:20px;
        }
    </style >
</head >
<body >
    < div class = "box1" > </div >
    < div class = "box2" > </div >
</body >
</html >
```

页面运行效果如图 3 - 4 - 8 所示。通过 Chrome 浏览器的开发者工具查看 box1 的盒子模型，发现 box1 和 box2 的垂直间距不是 70 px，而是 50 px（margin - bottom 与 margin - top 中的较大者）。

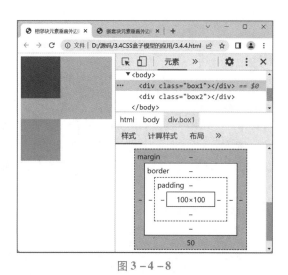

图 3 - 4 - 8

解决方案：尽量只给一个盒子添加上外边距或下外边距。

（2）嵌套块元素垂直外边距的合并

对于具有嵌套关系（父子关系）的两个块级元素，如果父元素没有设置上内边距和边框，则父元素的上外边距会和子元素的上外边距合并，合并后的外边距为两者中的较大者，即使父元素的上外边距为0，也会发生合并。

例 3.4.5：嵌套块元素垂直外边距的合并。

```
<!doctype html >
<html >
<head >
    <meta charset = "uft-8">
    <title >嵌套块元素垂直外边距的合并 </title >
<style >
/* 为了便于观察,清除所有元素的默认边距。*/
    * {
        margin:0;
        padding:0;
    }
    .father{
        width:200px;
        height:200px;
        background-color:gray;
        margin-top:20px;
    }
    .son{
        width:100px;
        height:100px;
        background-color:skyblue;
        margin-top:50px;
    }
</style >
</head >
<body >
    <div class = "father">
        <div class = "son"> </div >
    </div >
</body >
</html >
```

页面运行效果如图 3-4-9 所示。father 和 son 的上边缘重合，因为它们的外边距发生了合并，合并后的外边距为 50 px（即两者中的较大者）。

解决方案：给父元素设置上边框或上内边距，这里以给父元素设置上内边距为例。

例 3.4.6：给父元素设置上内边距。

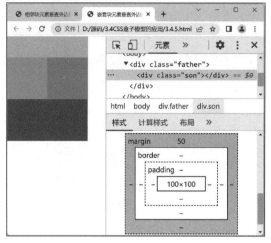

图 3 - 4 - 9

```
<!doctype html >
<html >
<head >
    <meta charset = "uft - 8">
    <title >给父元素设置上内边距 </title >
    <style >
        /* 为了便于观察,清除所有元素的默认边距。*/
        * {
            margin:0;
            padding:0;
        }
        .father{
            width:200px;
            height:200px;
            background - color:gray;
            margin - top:20px;
            padding - top:50px;
            box - sizing:border - box;
        }
        .son{
            width:100px;
            height:100px;
            background - color:skyblue;
        }
    </style >
```

```
</head >
<body >
    < div class = "father">
        < div class = "son" > </div >
    </div >
</body >
</body >
</html >
```

　　页面运行效果如图 3 - 4 - 10 所示，没有给 son 设置上外边距，而是改为给 father 设置 50 px 的上内边距。

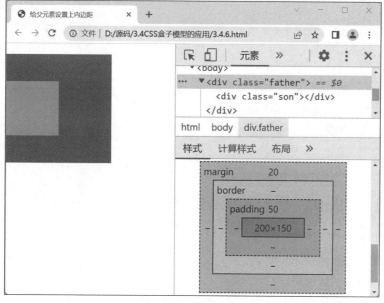

图 3 - 4 - 10

4. CSS3 新增盒子模型属性

（1）圆角 border - radius

border - radius 属性可以实现圆角，我们先介绍最常用的简写属性，其语法如下：

```
border - radius:length;      /* length 可以是数值或百分比*/
```

实现圆形：盒子必须是正方形，把 length 设置为盒子宽度或高度的一半，或设置为 50%。

border - radius 可以设置 1~4 个值，见表 3 - 4 - 3。

表 3 - 4 - 3

值的个数	说明
border - radius：10px；	1 个值，表示四个圆角的半径都是 10 px
border - radius：10px 20px；	2 个值，表示左上角和右下角的半径是 10 px，右上角和左下角的半径是 20 px

续表

值的个数	说明
border – radius: 10px 20px 30px;	3 个值，表示左上角的半径是 10 px，右上角和左下角的半径是 20 px，右下角的半径是 30 px
border – radius: 10px 20px 30px 40px;	4 个值，分别表示左上角的半径 10 px，右上角的半径 20 px，右下角的半径 30 px，左下角的半径 40 px，即从左上角开始顺时针依次列出各个值

除了使用表 3 – 4 – 3 所示的形式设置圆角外，还可以分别设置 border – top – left – radius、border – top – right – radius、border – bottom – right – radius、border – bottom – left – radius。

（2）盒子阴影 box – shadow

可以使用 box – shadow 属性为盒子添加阴影，其语法如下：

box – shadow:h – shadow v – shadow blur spread color inset;

各个值的说明见表 3 – 4 – 4。

表 3 – 4 – 4

属性值	说明
h – shadow	必选，阴影水平偏移距离，允许负值
v – shadow	必选，阴影垂直偏移距离，允许负值
blur	可选，阴影模糊半径
spread	可选，阴影扩展半径，用于扩展阴影的大小
color	可选，阴影颜色（默认是文本的颜色）
inset	可选，内阴影（默认是外阴影 outset，不能显式设置 outset，否则，阴影无效）

例 3.4.7：圆角和阴影。

```
<!doctype html >
<html >
<head >
    <meta charset = "uft -8">
    <title >圆角和阴影 </title >
    <style >
        div{
            width:100px;
            height:100px;
            background - color:skyblue;
            margin:50px auto;
            border - radius:50%;
            box - shadow:6px 6px 4px gray;
        }
```

```
        </style>
    </head>
    <body>
        <div></div>
    </body>
</html>
```

页面运行效果如图 3 - 4 - 11 所示，阴影水平和垂直偏移距离都是 6 px，阴影模糊半径为 4 px，没有设置阴影扩展半径。

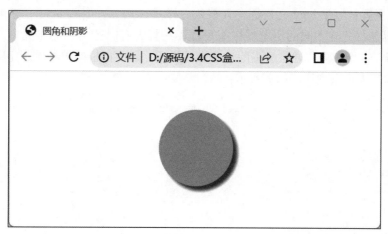

图 3 - 4 - 11

任务实现

步骤 1：继续使用任务 3.3 的 about. html 页面和外部样式表 style. css。

步骤 2：在 style. css 中继续添加样式。

可以看到页面中有一些空隙，打开 Chrome 浏览器的开发者工具，查看页面各元素的盒子模型，发现这些空隙是由 body 和 h1 的外边距引起的，所以要先清除，如下所示：

```
body,h1{
    margin:0;
}
```

步骤 3：让整个页面水平居中。

要让块级元素水平居中，需要先给块级元素设置一个固定的宽度，在任务 3.2 中已经设置了 header、main 和 footer 的宽度为 1 200 px，现在只需要把它们的左、右外边距都设置为 auto 即可，如下所示：

```
.header,.main,.footer{
    width:1200px;
    margin:0 auto;
}
```

步骤4：为了让页面更加美观，要给 main 设置 20 px 的内边距，但这样会增加 main 的宽度，所以还要修改 box-sizing 属性，改变盒子大小的计算方式，如下所示：

```
.main{
    padding:20px;
    box-sizing:border-box;
}
```

知识拓展

CSS 样式重置：每个 html 元素都有其默认的样式（例如，有些 html 元素的内外边距不为 0），这些默认样式在不同的浏览器中有可能不一样，有时还会影响布局。所以，为了兼容各种浏览器、方便布局，通常会去除这些默认样式，后面再根据需要重新定义样式。

常用的 CSS 样式重置代码如下所示：

```
body,p,h1,h2,h3,h4,h5,h6,ul,ol,dl,dd,fieldset,legend,input,textar-
ea,pre,blockquote,th,td{
    margin:0;
    padding:0;
}
h1,h2,h3,h4,h5,h6{
    font-size:100%;
    font-weight:normal;
}
ol,ul{
    list-style:none;
}
address,caption,cite,code,dfn,em,strong,th,var{
    font-style:normal;
    font-weight:normal;
}
fieldset,img{
    border:0;
}
input,textarea{
    outline:none;
}
```

技能训练

使用本任务讲解的知识实现图 3-4-12 所示页面效果。

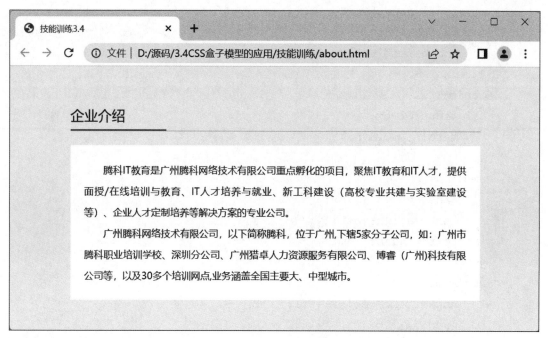

图 3 – 4 – 12

关键步骤

①建立 HTML 结构，使用语义化标签划分标题和段落。

```
<body>
    <main class = "main">
        <section class = "aboutUs">
            <div class = "title"> <h2>企业介绍</h2> </div>
            <div class = "details">
                <p>……</p>
                <p>……</p>
            </div>
        </section>
    </main>
</body>
```

②使用内嵌式样式表设置页面各元素的样式。

```
<style>
    body,h2,p{
        margin:0;
    }
    body{
```

```
        font - size:14px;
        color:#333;
        background - color:#f5f5f5;
    }
    .main{
        width:600px;
        margin:0 auto;
    }
    .main p{
        line - height:30px;
        text - align:justify;
        text - indent:2em;
    }
    .details{
        background - color:#fff;
        padding:20px;
        margin - top:20px;
    }
    .title{
        border - bottom:1px solid #bfbfbf;
    }
    .aboutUs{
        margin - top:50px;
    }
    .aboutUs h2{
        font - weight:normal;
        font - size:20px;
        width:140px;
        line - height:40px;
        border - bottom:2px solid #e91b05;
    }
</style >
```

课后测试

一、单选题

1. 下列选项中，用于更改元素左内边距的是（   ）。

A．text – indent   B．padding – left   C．margin – left   D．padding – right

2. 下列样式代码中，用于定义盒子上边框为 1 像素、蓝色、单实线的是（   ）。

A.　border－top：1px solid blue；　　　　B.　border：1px solid blue；

C.　border－top：1px dashed blue；　　　D.　border：1px dashed blue；

3.　关于样式代码"．box{width：200px；padding：15px；margin：20px；}"，下列说法正确的是（　　　）。

A.．box的总宽度为200 px　　　　　B.．box的总宽度为270 px

C.．box的总宽度为235 px　　　　　D.　以上说法均错误

二、多选题

1.　关于内边距属性padding，下列说法正确的是（　　　）。

A.　padding属性是复合属性

B.　必须按顺时针顺序采用值复制原则定义4个方向的内边距

C.　其取值可为1到4个值

D.　padding的取值不能为负

2.　下列样式代码中，用于定义盒子上边框为2像素、单实线、灰色的是（　　　）。

A.　border－top：2px solid #CCC；

B.　border－top：2px dashed #CCC；

C.　border：2px solid #CCC；

D.　border－top－style：solid；border－top－width：2px；border－top－color：#CCC；

3.　在盒子模型中，边框是一个重要的属性，下列选项中属于边框属性的是（　　　）。

A.　border－style　　B.　border－height　　C.　border－width　　D.　border－color

4.　下面选项中，属于盒子模型主要属性的是（　　　）。

A.　padding　　　　　B.　margin　　　　　C.　type　　　　　　D.　border

三、判断题

1.　在设置边框宽度和边框颜色时，必须同时设置边框样式。　　　　　　　　　（　　　）

2.　CSS3中的box－shadow属性的阴影扩展半径可以为负值。　　　　　　　　（　　　）

3.　CSS3中的box－shadow属性的水平阴影位置可以为负值。　　　　　　　　（　　　）

4.　CSS3中的box－shadow属性设置"inset"参数值后，阴影类型变为内阴影。（　　　）

5.　CSS3中的box－shadow属性不设置"阴影类型"参数时，默认为"内阴影"。

（　　　）

6.　CSS3中的box－sizing属性的取值为border－box时，border和padding的参数值被包含在width和height之内。　　　　　　　　　　　　　　　　　　　　　　（　　　）

任务3.5　背景的控制

📋 任务描述

在网页中，背景图片起着传递信息和美化页面的作用，因此，要学习CSS背景的知识，灵活应用后，可以实现更加美观的网页效果。

本任务将使用CSS背景及盒子模型的知识来制作"腾科IT教育官网"页脚的"客服热线"版块，如图3－5－1所示。

任务效果图如图 3 - 5 - 1 所示。

图 3 - 5 - 1

能力目标

◇ 掌握背景的常用属性；
◇ 掌握控制背景图片尺寸的方法；
◇ 了解设置多重背景图片的方法。

知识引入

1. 背景常用属性

（1）背景颜色 background - color

在 CSS 中，使用 background - color 属性来设置网页元素的背景颜色，其属性值与文本颜色的取值一样，可以使用预定义的颜色值、十六进制#RRGGBB 或 RGB 代码 rgb（r,g,b），还可以使用 RGBA 模式。

RGBA 是 CSS3 新增的颜色模式，它是 RGB 颜色模式的延伸，该模式是在红、绿、蓝三原色的基础上添加了不透明度参数 alpha。其语法格式为：

```
rgba(r,g,b,alpha);
```

alpha 的取值介于 0（完全透明）到 1（完全不透明）之间。

例如：设置 div 元素的背景颜色是红色半透明，代码如下：

```
div{background - color:rgba(255,0,0,0.3);}
```

background - color 的默认值为 transparent，即背景透明，此时子元素会显示其父元素的背景。

（2）背景图片 background - image

除了可以设置背景颜色外，还可以通过 background - image 属性设置背景图片。

例如：给 h1 元素设置背景图片。代码如下：

```
h1{background - image:url(images/xuexi.png);}
```

（3）背景平铺 background – repeat

默认情况下，背景图片会自动沿着水平和竖直两个方向平铺，如果不希望图片平铺，或者只沿着一个方向平铺，可以通过 background – repeat 属性来控制。该属性的取值如下。

- repeat：沿水平和竖直两个方向平铺（默认值）；
- no – repeat：不平铺（背景图片会显示在元素的左上角）；
- repeat – x：只沿水平方向平铺；
- repeat – y：只沿竖直方向平铺。

（4）背景图片位置 background – position

当设置 background – repeat 为 no – repeat 时，背景图片会显示在元素的左上角，如果希望背景图片显示在其他位置，就需要使用 background – position 属性。

background – position 的取值有多种方式，最常见的有三种，见表3 – 5 – 1。

表3 – 5 – 1

取值方式	说明（一般取2个值，中间用空格隔开，用于定义背景图片在水平和垂直方向上的位置）
关键字	水平方向的取值：left、center、right 垂直方向的取值：top、center、bottom 两个关键字的顺序任意，若只写一个，则另一个默认为 center。例如： background – position：center；　　/* 等效于 background – position：center center；*/ background – position：top；　　　/* 等效于 background – position：top center；*/
长度值	是背景图片相对元素左上角的偏移，例如： background – position：50px 100px； 取2个值：第一个是 x 坐标值，第二个是 y 坐标值； 取1个值：该值是 x 坐标值，另一个默认垂直居中
百分数	0% 0%　　　　等效于 left top 0% 50%　　　　等效于 left center 50% 0%　　　　等效于 center top 50% 50%　　　等效于 center center 100% 100%　　等效于 right bottom 如果只有一个百分数值，将作为水平值，垂直值则默认为50%。 0%　　　　　等效于 0% 50% 20%　　　　　等效于 20% 50%

注意：如果两个取值是以上三种方式的混合使用，则第一个是 x 坐标值，第二个是 y 坐标值。

例3.5.1：背景图片位置 background – position。

```
<!doctype html >
<html >
<head >
    <meta charset = "uft - 8">
    <title >背景图片位置 background - position </title >
    <style >
```

```
        h1{
            height:600px;
            background-color:#900;
            background-image:url(images/xuexi.png);
            background-repeat:no-repeat;
            background-position:50% ;
        }
    </style>
</head>
<body>
    <h1 > </h1 >
</body>
</html>
```

页面运行效果如图 3 - 5 - 2 所示，背景图片在 h1 元素中水平垂直都居中。

图 3 - 5 - 2

（5）背景图片固定 background - attachment

如果希望背景图片固定在某个位置，不跟随滚动条滚动，可以使用 background - attach-ment 属性来设置。background - attachment 属性有两个属性值，如下所示：

scroll：背景图片随页面元素一起滚动（默认值）；

fixed：背景图片固定，不随页面元素滚动。

例 3.5.2：背景图片固定 background - attachment。

```
<!doctype html >
<html >
<head >
    <meta charset = "uft - 8" >
    <title >背景图片固定 background - attachment </title >
    <style >
        body{
            background-image:url(images/bg. gif);
```

```
          background - repeat:repeat - x;
          background - color:#FFE7CC;
          background - attachment:fixed;
      }
      div{
          height:2000px;
      }
  </style >
</head >
<body >
  <div >背景图片固定 background - attachment </div >
</body >
</html >
```

页面运行效果如图 3 - 5 - 3 所示，背景图片固定在页面的最上端，不随滚动条滚动。

图 3 - 5 - 3

（6）背景复合属性 background

背景复合属性 background 可以一次性地设置背景的所有样式。语法格式如下：

```
background:background - color |background - image[ |background - repeat
|background - position |background - attachment];
```

在上面的语法格式中，各样式顺序任意，中间用空格分开，不需要的样式可省略，但在实际应用中常按照上面语法格式中定义的顺序来书写。

使用 background 修改例 3.5.2 中的样式代码,如下所示:

```
background:#FFE7CC url(images/bg.gif)repeat-x fixed;
```

2. 控制背景图片的大小

在 CSS3 中,使用 background-size 属性控制背景图片的大小,其基本语法格式如下:

```
background-size:属性值1  属性值2;
```

属性值可以是像素值、百分比、cover 或 contain,各属性值的描述见表 3-5-2。

表 3-5-2

属性值	描述
像素值	设置背景图片的高度和宽度。第 1 个值设置宽度,第 2 个值设置高度。如果只设置 1 个值,则第 2 个值默认为 auto
百分比	以父元素的百分比来设置背景图片的宽度和高度。第 1 个值设置宽度,第 2 个值设置高度。如果只设置 1 个值,第 2 个值默认为 auto
cover	图片会等比缩放,以保证完全覆盖背景区域(图片可能会被裁切掉一部分)
contain	图片会等比缩放,使其宽度或高度完全适应背景区域(图片不会被裁切)

cover 和 contain 的区别如图 3-5-4 所示。

图 3-5-4

3. 设置多重背景图片

CSS3 允许给一个元素添加多张背景图片，但是 CSS3 并没有为此功能提供相应的属性，而是通过给 background – image、background – repeat、background – position 和 background – size 等属性设置多个属性值来实现多重背景图片效果，各属性值之间用逗号分开。

例 3.5.3：设置多重背景图片。

```html
<!doctype html >
< html >
< head >
    < meta charset = "uft -8">
    < title >设置多重背景图片 </title >
    < style >
        div{
            width:500px;
            height:300px;
            border:3px solid red;
            background - image: url( images/sun. png), url( images/
bg1. gif);
            background - repeat:no - repeat,repeat;
            background - position:right top;
        }
    </style >
</head >
< body >
    < div > </div >
</body >
</html >
```

页面运行效果如图 3 – 5 – 5 所示。使用 background – image 属性给 div 设置了 2 张背景图片，先定义的图片会压在后定义的图片上。

📋 任务实现

步骤 1：建立"客服热线"版块的 HTML 结构。

```html
< footer class = "footer">
  < div class = "footer - kefu">
    < h4 >客服热线 </h4 >
    < ul >
      < li >020 – 38289118 </li >
      < li >QQ 咨询:450959328 </li >
      < li >微信咨询:18922156670 </li >
```

图 3 - 5 - 5

```
        </ul >
    </div >
</footer >
```

步骤2：设置CSS样式（使用内嵌式样式表）。

先进行样式重置：清除所有元素的内外边距，去除无序列表前的项目符号。

说明：list - style 是一个复合属性，用于控制列表项目符号的样式。在实际工作中，为了更灵活地控制列表项目符号，通常将 list - style 的属性值定义为 none，然后通过为 li 元素设置背景图片的方式实现不同的列表项目符号。

```
* {
  margin:0;
  padding:0;
}
ul{
  list - style:none;
}
```

步骤3：设置 footer 类的样式。

```
.footer{
  width:100% ;
  background - color:#29333d;
  color:#888;
  font - size:14px;
}
```

步骤4：设置 h4 和 .footer – kefu 类的样式。

```
.footer h4{
  color:#fff;
  line - height:32px;
}
.footer - kefu{
  width:340px;
  margin - left:60px;
}
```

步骤5：设置 li 的样式，给 li 设置背景图片，以实现不同的列表项目符号。

```
.footer - kefu li{
  line - height:40px;
  background:url(images/footer - tel.png)no - repeat left center;
  background - size:26px;
  padding - left:36px;
}
.footer - kefu li:nth - child(2){
  background - image:url(images/footer - qq.png);
}
.footer - kefu li:nth - child(3){
  background - image:url(images/footer - wx.png);
}
```

📖 知识拓展

CSS Sprites 技术是目前 Web 前端开发中较为成熟的技术之一，常被应用在大型网站的背景控制中。该技术最重要的作用就是减轻服务器负载，提高页面加载速度。

CSS Sprites 技术的本质是将网页中用到的一些小背景图片通过图像处理软件整合到一张大图中，把这张大图作为背景图，再利用 CSS 的 background – position 属性进行精确定位。这样，当页面加载时，就不是单独加载每张图片，而是一次性加载整张组合过的图片，因此大大减少了 HTTP 请求的次数，减轻了服务器的压力，这就是诸多大型网站使用 CSS Sprites 的重要原因。

📖 技能训练

使用本任务讲解的 CSS 背景及盒子模型的知识来美化表单，完成后的效果如图 3 – 5 – 6 所示。

步骤1：建立表单的 HTML 结构。

图 3 - 5 - 6

```
< form class = "top - search - form" action = "http://zhannei.baidu.com/
cse/site" >
    < input type = " search" name = " q" class = " header - input" place-
holder = " 请输入搜索的内容" >
    < input type = " button" class = " top - search - btn" >
  </form >
```

步骤 2：设置 CSS 样式，清除 input 元素在获得焦点时出现的轮廓线。

```
input{
    outline:none;
}
```

步骤 3：设置 top - search - form 类的样式。

```
.top - search - form{
    height:45px;
    padding - top:50px;
}
```

步骤 4：设置 header - input 类的样式。

```
.header - input{
    width:355px;
    height:100% ;
    border:1px solid #dedede;
    border - right:none;
    border - top - left - radius:5px;
    border - bottom - left - radius:5px;
    padding - left:20px;
    float:left;   /* 去除搜索框和按钮之间的空隙*/
}
```

步骤 5：设置 top - search - btn 类的样式。

```
.top-search-btn{
    width:45px;
    height:100%;
    border:none;
    background:#e91b05 url(images/search-ico.png)center no-re-
peat;
    background-size:35px 35px;
    border-top-right-radius:5px;
    border-bottom-right-radius:5px;
}
```

课后测试

一、多选题

1. 在下列选项中，background-position 属性值书写正确的是 (　　)。

A. div{background-position:top center;}

B. div{background-position:left;}

C. div{background-position:50px 100px;}

D. div{background-position:50%;}

2. 下列选项中，可用于定义背景颜色的是 (　　)。

A. background-color:red;　　　　　　B. background-color:#f00;

C. background-color:rgb(255,0,0);　　D. background-color:rgba(255,0,0,0.5);

3. 下列样式代码中，可用于设置背景图像平铺方式的是 (　　)。

A. background-repeat:no-repeat;　　　B. background-attachment:fixed;

C. background-attachment:scroll;　　　D. background-repeat:repeat-x;

二、判断题

1. 默认情况下，子元素会继承父元素的背景。　　　　　　　　　　　　(　　)

2. CSS3 中增强了背景图像的功能，允许一个容器里显示多个背景图像。(　　)

3. 可以将背景相关的样式都综合定义在一个复合属性 background 中。(　　)

4. RGBA 是 CSS3 新增的颜色模式，它是 RGB 颜色模式的延伸，该模式是在红、绿、蓝三原色的基础上添加了不透明度参数 alpha，alpha 的取值介于 0~255 之间。(　　)

5. 默认情况下，背景图片会自动沿着水平和竖直两个方向平铺。　　　(　　)

6. 如果希望背景图像固定在屏幕的某一位置，不随着滚动条移动，可以使用 background-repeat 属性来设置。　　　　　　　　　　　　　　　　　　　　　(　　)

7. 背景颜色的默认值是白色。　　　　　　　　　　　　　　　　　　(　　)

任务3.6　制作导航菜单

任务描述

CSS2 规范给出了 3 种布局方式，即标准流、浮动和定位。在 CSS3 中增加了一些新的布局方式，例如 flex 等。标准流布局是指元素按默认的方式排列，浮动和定位则是通过设置相应的 CSS 属性来改变元素默认的排列方式，以更加灵活地布局元素。

本任务使用浮动制作导航菜单，完成后的效果如图 3 - 6 - 1 所示。

任务效果图

任务效果图如图 3 - 6 - 1 所示。

图 3 - 6 - 1

能力目标

◇ 了解 HTML 元素在标准流下的显示方式；
◇ 掌握元素的类型与转换，能够归纳不同元素类型的特点；
◇ 理解浮动原理；
◇ 理解清除浮动的方式，可以使用不同方法清除浮动。

知识引入

1. 元素的类型与转换

HTML 元素分为行内元素和块级元素。

在标准流（没有设置定位属性和浮动属性）中，行内元素（span、a、strong、b、em、i、…）在同一行中水平排列，块级元素（div、p、h1 ~ h6、ul、ol、li、…）独自占满一整行，块级元素与块级元素之间自动换行，从上到下排列，如图 3 - 6 - 2 所示。

图 3 - 6 - 2

给行内元素设置宽度和高度（宽、高由内容撑开）无效，常用于控制页面中文本的样式。块级元素可以设置宽度和高度，不设置宽度时，宽度自动撑满父元素宽度。

网页就是由多个块级元素和行内元素组成的。如果想让行内元素具有块级元素的某些特性，比如可以设置宽、高，又或者想让块级元素具有行内元素的某些特性，比如在同一行中水平排列，可以通过 display 属性对元素的类型进行转换，其语法如下：

```
display:inline|block|inline-block|none
```

各个属性值的说明见表 3 - 6 - 1。

表 3 - 6 - 1

属性值	描述
inline	将显示为行内元素
block	将显示为块级元素
inline - block	将显示为行内块元素，即在同一行中水平排列，可设置宽、高
none	隐藏不显示，也不占用页面空间，相当于该元素不存在

注意：行内元素只能设置左、右外边距，设置上、下外边距无效。img 和 input 是特殊的行内元素，可以设置宽、高，在本书中把它们当作行内块元素看待。

2. 浮动原理

在网页布局中，经常会遇到让块级元素水平排列的情况，如果把块级元素转换成行内块元素（inline - block），会带来一些问题，比如元素之间有空隙（原因是换行和空格会被解析），这时可以使用浮动（float），如图 3 - 6 - 3 所示。

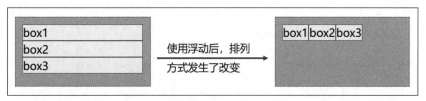

图 3 - 6 - 3

浮动会使元素向左或向右移动，其周围的元素也会重新排列。常用的浮动 float 属性值有三个，分别表示不同的含义，具体见表 3 - 6 - 2。

表 3 - 6 - 2

属性值	描述
left	元素向左浮动
right	元素向右浮动
none	元素不浮动（默认值）

默认值是 none，即标准流通常的情况，如果将 float 设置为 left 或 right，元素就会向其父元素的左侧或右侧靠紧，同时，盒子的宽度不再伸展，而是收缩，在没设置宽度时，会根据

盒子里面的内容来确定宽度。

例3.6.1：浮动练习。

```html
<!doctype html>
<html>
<head>
    <meta charset="utf-8">
    <title>浮动练习</title>
    <style>
        .father{
            width:400px;
            border:1px dashed red;
            margin:0 auto;
        }
        .box{
            border:1px solid gray;
            background-color:#FFC;
        }
        .father p{
            background-color:#CFF;
            margin:0;
            padding:0;
        }
        .left{float:left;}
        .right{float:right;}
        .clear{clear:both;}
    </style>
</head>
<body>
    <div class="father">
        <div class="box left">box1</div>
        <div class="box left">box2</div>
        <div class="box right">box3</div>
        <p class="clear">在标准流中,块级元素的盒子都是上下排
列,行内元素的盒子都是左右排列,如果仅仅按照标准流的方式进行排列,就只有这几种可
能性,限制太大。CSS的制定者也想到了这样排列限制的问题,因此又给出了浮动和定位方
式进行盒子的排列,从而使排版的灵活性大大提高。</p>
    </div>
</body>
</html>
```

页面运行效果如图 3 – 6 – 4 所示。

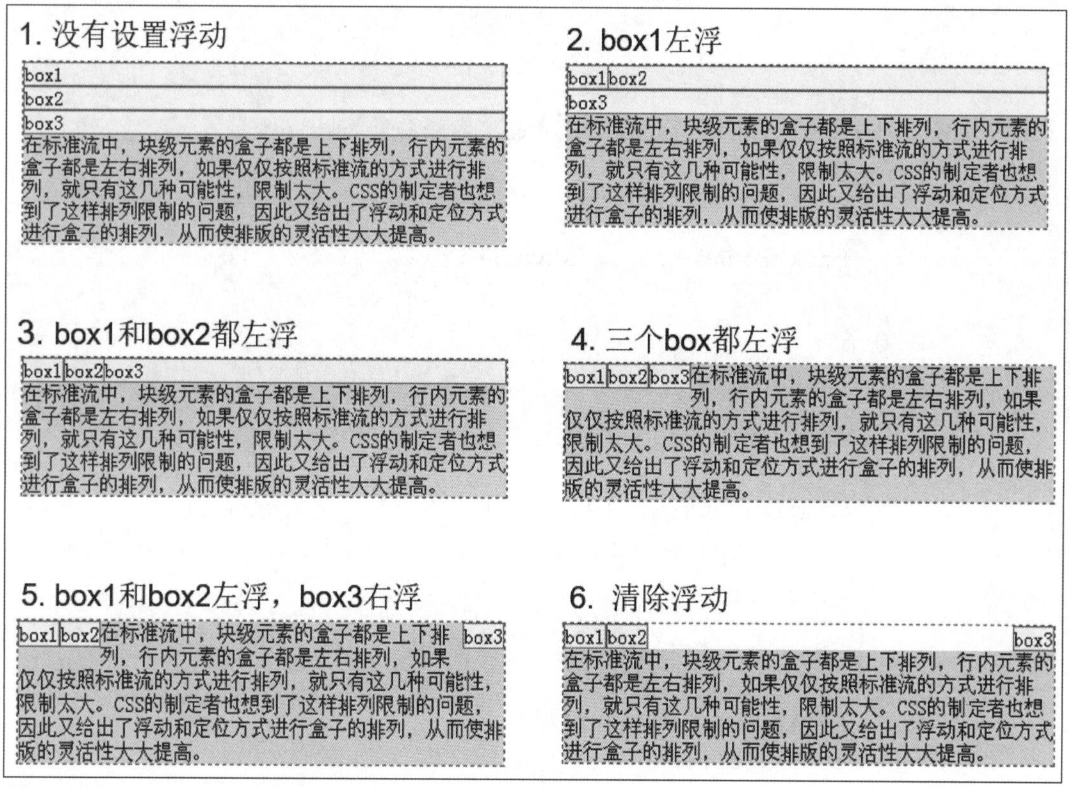

图 3 – 6 – 4

3. 清除浮动

当给一个元素设置浮动后，该元素就脱离了标准流，不再占据标准流中的位置，与该元素相邻的其他元素会受到浮动的影响而产生位置上的变化。如图 3 – 6 – 4 所示，三个 box 都浮动后，下面的 p 元素就受到了影响。如果要避免浮动对其他元素的影响，就要清除浮动。在 CSS 中使用 clear 属性（给块级元素使用此属性）清除浮动，其属性值见表 3 – 6 – 3。

表 3 – 6 – 3

属性值	描述
left	不允许左侧有浮动元素（清除左侧浮动的影响）
right	不允许右侧有浮动元素（清除右侧浮动的影响）
both	同时清除左、右两侧浮动的影响（常用）

如图 3 – 6 – 4 所示，给 p 元素设置 clear:both; 后，p 元素不再受到浮动元素的影响，按照其默认的排列方式显示在三个 box 的下方。

clear 属性只能清除元素左、右两侧浮动的影响，但我们经常会遇到一些特殊浮动的影响，例如，当父元素没有设置高度时，其子元素浮动会引起父元素高度的塌陷，如例 3.6.2。

例 3.6.2：子元素浮动会引起父元素高度的塌陷。

```
<!doctype html >
< html >
< head >
    < meta charset = "uft - 8">
    < title > 子元素浮动会引起父元素高度的塌陷 </title >
    < style >
        . father{
            background - color:skyblue;
        }
        . box{
            background - color:pink;
            width:300px;
            height:200px;
            margin:10px;
            border:1px solid red;
            float:left;
        }
        . footer{
            background - color:#000;
            color:#fff;
            height:50px;
            text - align:center;
        }
    </style >
</head >
< body >
    < div class = "father">
        < div class = "box">box1 </div >
        < div class = "box">box2 </div >
        < div class = "box">box3 </div >
    </div >
    < footer class = "footer">
        < p >Copyright &copy;2022 XX 公司 All rights reserved 粤 ICP 备
12345678 号 </p >
    </footer >
</body >
</html >
```

页面运行效果如图 3 - 6 - 5 所示。

由于三个 box 都浮动，脱离了标准流，不再占据父元素的空间，引起父元素高度的塌

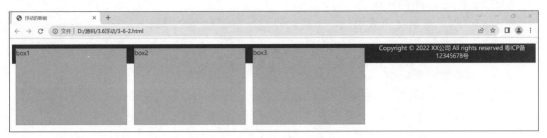

图 3 – 6 – 5

陷，父元素的背景颜色就无法显示，解决办法是给父元素设置清除浮动。

　　给父元素设置清除浮动分为两种情况：一是父元素高度已知，直接设置父元素高度即可；二是父元素高度未知，其高度由其内部元素决定。这时有以下三种方法清除浮动。

　　方法 1：在父元素的结束标签前添加一个清除浮动的空元素（块级元素），继续使用例 3.6.2。

```
< div class = "father">
    < div class = "box">box1 </div >
        < div class = "box">box2 </div >
        < div class = "box">box3 </div >
< div class = "clear"> </div >
    </div >
```

然后在 CSS 中定义 clear 类：

```
.clear{clear:both;}
```

这种方法简单易懂、兼容性好，缺点是会增加很多无意义的标签。

方法 2：使用 overflow 属性清除浮动。

给父元素添加 overflow 属性，设置为 auto 或 hidden，代码如下：

```
.father{overflow:hidden;}
```

　　这种方法使用方便，但并不完美，因为它并没有真正清除浮动，而是利用父元素在没有明确高度的情况下，overflow 属性要计算父元素的全部高度，才能确定在什么位置将多余的内容隐藏，而在计算过程中，浮动的高度要被计算进去，这时顺便达到了清除浮动的目的。

　　overflow 属性是设置内容溢出时的显示方式，其常用值见表 3 – 6 – 4。

表 3 – 6 – 4

属性值	描述
visible	内容不会被修剪，会呈现在元素框之外（默认值）
hidden	溢出内容会被修剪，并且被修剪的内容会隐藏
auto	在需要时产生滚动条，即自适应所要显示的内容
scroll	溢出内容会被修剪，并且始终显示滚动条

方法3：使用 after 伪元素清除浮动。

使用 after 伪元素给父元素添加一个清除浮动的空元素，代码如下：

```
.clearfix::after{
    content:"";
    display:block;
    clear:both;
}
```

为了便于代码重用，在实际开发中常使用公共类名 clearfix，给父元素添加 clearfix 类：

```
<div class = "father clearfix">
    ......
</div>
```

在实际工作中常用这种方法。

使用以上三种方法都能解决父元素高度塌陷的问题，页面运行效果如图3 – 6 – 6 所示。

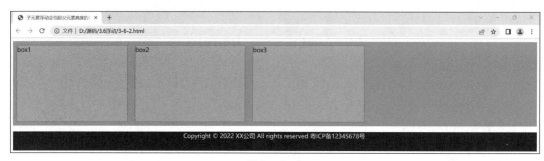

图 3 – 6 – 6

📖 任务实现

步骤1：设置导航菜单 HTML 结构，使用无序列表。

```
<ul class = "menu - list">
    <li> <a href = "#">首页 </a> </li>
    <li> <a href = "#">优选课程 </a> </li>
    <li> <a href = "#">高校合作 </a> </li>
    <li> <a href = "#">企业定制 </a> </li>
    <li> <a href = "#">考试中心 </a> </li>
    <li> <a href = "#">学习资源 </a> </li>
    <li> <a href = "#">关于我们 </a> </li>
</ul>
```

步骤2：设置 CSS 样式，清除 ul 默认的内外边距，并清除每个列表项前面的项目符号。

```
ul{
```

```
    margin:0px;
    padding:0px;
    list-style:none;
}
```

步骤 3：设置 menu – list 类的样式（高度值和行高值相等，可使内容垂直居中）。

```
.menu-list{
    background-color:#e91b05;
    width:1200px;
    margin:0 auto;
    height:45px;
    line-height:45px;
}
```

步骤 4：使用浮动让导航菜单横向排列。

```
.menu-list li{
    float:left;
    width:130px;
    text-align:center;
}
```

步骤 5：设置超链接 a 的样式（为使 a 具有相应的宽度和高度，需要把 a 转换成块级元素）。

```
.menu-list li a{
    color:#fff;
    text-decoration:none;
    display:block;
}
.menu-list li a:hover{
    color:#e91b05;
    background-color:#fff;
}
```

📧 知识拓展

字围现象：浮动元素会盖在非浮动元素上方，但非浮动元素中的文字不会被浮动元素遮挡，而是围绕在浮动元素周围。如图 3 – 6 – 7 所示，图片浮动，文字围绕在图片周围。

📧 技能训练

使用本任务讲解的知识，实现图 3 – 6 – 8 中 logo 和搜索表单的布局。

图 3 - 6 - 7

图 3 - 6 - 8

关键步骤

①建立 logo 和搜索表单的 HTML 结构。

```
< header class = "header">
    < div class = "top - content center">
        < h1 class = "logo">
            < a href = "#">腾科 IT 教育 </a >
        </h1 >
        < form class = "top - search - form" action = "http://zhannei.
baidu. com/cse/site">
            < input type = "search" name = "q" class = "header - input"
placeholder = "请输入搜索的内容">
            < input type = "button" class = "top - search - btn">
```

```
        </form >
    </div >
</header >
```

②CSS 部分，把常用的样式提取出来，定义为公共类，如下所示。然后给 h1 应用 left 类，给 form 应用 right 类，给 search 类型的 input 应用 left 类。

```
/* 公共类 */
.left{
    float:left;
}
.right{
    float:right;
}
.overflow{
    overflow:hidden;
}
.center{
    width:1200px;
    margin:0 auto;
}
```

③h1 使用"图像替换"技术，把 logo 图作为 h1 的背景图，同时，h1 中的文本通过 CSS 隐藏（不要删除）。此时搜索引擎仍然可以搜到 HTML 文本，即使禁用 CSS，文本仍然可以显示。这样既可以实现无障碍访问，同时对搜索引擎的优化也有很大的意义。可以通过给 text-indent 属性设置一个很小的负值将文本在可视范围内隐藏。

```
.header{
    background-color:#fff;
}
.top-content{
    height:130px;
}
.logo{
    background:url(../images/logo.png)no-repeat 50% ;
    width:234px;
    height:100%;
    text-indent: -9999px;
}
```

④再把 a 转换成块级元素，同时设置 a 的高度，这样就扩大了 a 的单击范围。

```
.logo a{
```

```
    display:block;
    height:100%;
}
```

课后测试

一、单选题

1. 下列样式代码中，可以将行内元素转换为块元素的是（　　）。

A. display：none；　　　　　　　　　　B. display：block；

C. display：inline－block；　　　　　　D. display：inline；

2. 下列样式代码中，可以将块元素转换为行内元素的是（　　）。

A. display：none；　　　　　　　　　　B. display：block；

C. display：inline－block；　　　　　　D. display：inline；

3. ＜span＞标记是网页布局中常见的标记，其显示类型为（　　）。

A. 块级类型　　　B. 行内类型　　　C. 行内块类型　　　D. 浮动类型

4. ＜div＞标记是网页布局中最常用的标记，其显示类型为（　　）。

A. 块级类型　　　B. 行内类型　　　C. 行内块类型　　　D. 浮动类型

5. 下列样式代码中，可实现元素的溢出内容被修剪，并且被修剪的内容不可见的是（　　）。

A. overflow：visible；　　　　　　　　B. overflow：hidden；

C. overflow：auto；　　　　　　　　　D. overflow：scroll；

二、多选题

1. 在 CSS 中，可以通过 float 属性为元素设置浮动，以下属于 float 属性值的是（　　）。

A. left　　　　　　B. center　　　　　　C. right　　　　　　D. none

2. 下列选项中，属于块级元素的是（　　）。

A. ＜h1＞　　　　B. ＜p＞　　　　C. ＜div＞　　　　D. ＜ul＞

3. 使块级元素水平居中，需要遵循（　　）。

A. 为元素设置高度（height）　　　B. 为元素设置宽度（width）

C. 将元素左、右外边距的值设置为 auto　　D. 使元素浮动（float）

4. 下列选项中，属于行内元素的是（　　）。

A. ＜strong＞　　　B. ＜em＞　　　C. ＜a＞　　　D. ＜span＞

三、判断题

1. ＜span＞标记常用于定义网页中某些特殊显示的文本，配合 class 属性使用。（　　）

2. 行内元素设置宽高无效，需要转换成块元素或行内块元素设置宽高才有效。（　　）

3. 默认情况下，块元素会独占一行。（　　）

4. ＜span＞是一个行内元素，＜span＞与＜/span＞之间不能嵌套多层＜span＞。

（　　）

5. 浮动元素不会对页面中其他元素的排版产生影响。（　　）

四、实操题

使用本任务讲解的知识，实现图 3-6-9 所示的页脚完整布局。

图 3-6-9

任务 3.7　制作下拉菜单

任务描述

标准流让盒子上下排列或左右排列，多个块级盒子垂直显示就用标准流布局。

浮动可以让多个块级元素水平排列，多个块级盒子水平显示就用浮动布局。

定位可以将元素移动到页面中的任意位置，并且可以压住其他盒子，如果想让元素精确地出现在某个位置，就使用定位布局。

本任务使用定位制作下拉菜单，完成后的效果如图 3-7-1 所示。

任务效果图

任务效果图如图 3-7-1 所示。

图 3-7-1

🖥 能力目标

◇ 理解相对定位、绝对定位和固定定位的概念与区别；
◇ 能够使用 z – index 属性改变定位元素的堆叠顺序；
◇ 能够综合应用标准流、浮动和定位进行页面布局。

🖥 知识引入

设置了定位属性（position）的元素，可以通过设置偏移量（有 top、left、bottom、right 四个属性，偏移方向通过正负值来决定，取值单位可以是像素，也可以是百分比）精确定位到页面中的任意位置。position 属性的取值见表 3 – 7 – 1。

表 3 – 7 – 1

属性值	描述
static	静态定位/无定位（默认值），按标准流布局，无法通过偏移量改变元素的位置
relative	相对定位，以自己原来的位置为定位基准
absolute	绝对定位，以最近的已定位的（一般是相对定位）祖先元素为定位基准，若所有的祖先元素都没有定位，就以浏览器窗口为基准进行定位
fixed	固定定位，以浏览器窗口为基准进行定位

1. 相对定位

如果给一个元素设置相对定位（position：relative；），那么，它将保持在原来的位置上不动。如果再通过 top、left 等属性给它设置偏移量，那么，它将相对于它原来的位置发生偏移，还会占据原来的位置（没有脱离标准流）。

例 3.7.1：定位。

```
<!doctype html>
<html>
<head>
    <meta charset = "utf - 8">
    <title>定位</title>
    <style>
        .container{
            background - color:#FCF;
            border:1px dashed red;
            width:400px;
            height:306px;
            margin:0 auto;
        }
        .box{
```

```
            width:200px;
            height:100px;
            background-color:#FFC;
            border:1px solid gray;
        }
        .h2000{
            height:1000px;
        }
        .test{
            position:relative;
            left:100px;
            top:50px;
            background-color:skyblue;
        }
    </style>
</head>
    <body>
        <div class="container">
        <div class="box">box1</div>
        <div class="box test">box2</div>
        <div class="box">box3</div>
        </div>
        <div class="h2000"></div>
    </body>
</html>
```

在例3.7.1中，给box2添加test类，把box2设置为相对定位（position:relative;），并设置偏移量，页面运行效果如图3-7-2所示。从图中可以看出，box2相对于它原来位置的左上角发生了偏移，还占据着原来的位置（没有脱离标准流）。

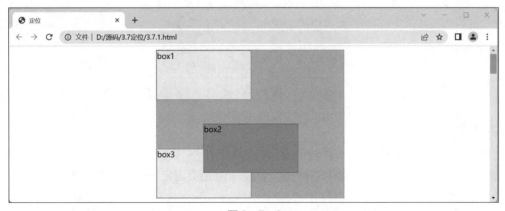

图3-7-2

2. 绝对定位

如果给一个元素设置绝对定位（position：absolute；），那么它将以最近的已定位的（一般是相对定位）祖先元素为定位基准，不再占据原来的位置（脱离标准流），若所有的祖先元素都没有定位，就以浏览器窗口为基准进行定位。

在例 3.7.1 中，把 test 类的 position 属性修改为 absolute，即把 box2 设置为绝对定位，页面运行效果如图 3－7－3 所示。由于 box2 所有的祖先元素都没有定位，box2 就以浏览器窗口为定位基准，并且不再占据原来的位置（脱离了标准流），box2 的位置被 box3 占据。

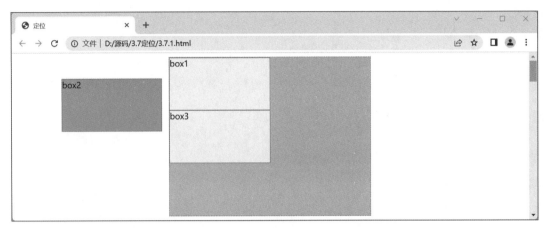

图 3－7－3

这时如果给 box2 的父元素（即 container 类）设置相对定位（position：relative；），box2 就以它的父元素为定位基准，页面运行效果如图 3－7－4 所示。

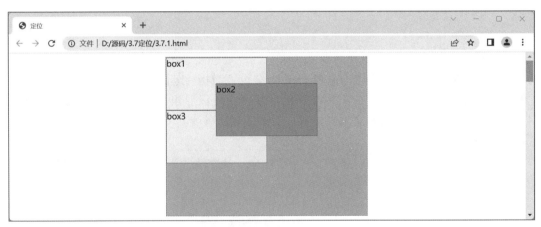

图 3－7－4

3. 固定定位

固定定位是绝对定位的一种特殊形式，如果给一个元素设置固定定位（position：fixed；），那么它将以浏览器窗口为基准进行定位，但它会固定在浏览器窗口的某个位置，不随滚动条滚动。

　　在例 3.7.1 中，把 test 类的 position 属性修改为 fixed，即把 box2 设置为固定定位，页面运行效果如图 3 - 7 - 5 所示。从图中可以看出，box2 以浏览器窗口为定位基准，并且不随滚动条滚动。

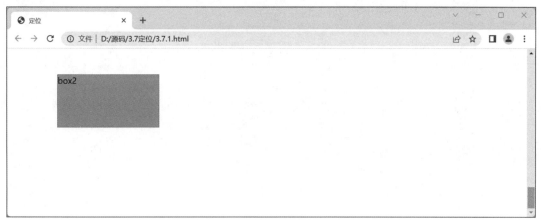

图 3 - 7 - 5

4. z - index 属性

　　当定位元素发生重叠（图 3 - 7 - 6）时，可以通过 z - index 属性调整定位元素的堆叠顺序（图 3 - 7 - 7）。

 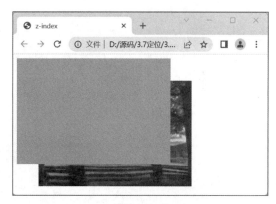

图 3 - 7 - 6　　　　　　　　　　　　　　　　图 3 - 7 - 7

　　z - index 属性的取值可以为 0（默认值）、正整数和负整数。z - index 值大的元素会盖住值小的元素，z - index 值一样时，会保持原来的高低覆盖关系。

　　注意：z - index 属性只对设置了定位属性（relative/absolute/fixed）的元素有效。

　　例 3.7.2：z - index。

```
<!doctype html >
<html >
<head >
    <meta charset = "utf - 8">
```

```
        <title>z-index</title>
        <style>
            div{
                width:300px;
                height:200px;
                background-color:skyblue;
            }
            img{
                position:absolute;
                left:50px;
                top:50px;
            }
        </style>
    </head>
    <body>
        <div></div>
        <img src="images/z-index.jpg" alt="">
    </body>
</html>
```

在例 3.7.2 中，给 img 设置了绝对定位，同时设置了偏移量，img 会盖住前面的 div，如图 3 - 7 - 6 所示。

这时如果给 div 设置定位属性（relative/absolute/fixed）和 z - index 属性（z - index: 1;），就能改变它们的堆叠顺序，让 div 盖住 img，如图 3 - 7 - 7 所示。

📋 任务实现

步骤 1：在任务 3.6 的基础上制作下拉菜单，建立下拉菜单的 HTML 结构。

```
<ul class="menu-list">
    <li><a href="#">首页</a></li>
    <li><a href="#">优选课程</a>
        <ul class="nav-item">
            <li><a href="#">华为认证</a></li>
            <li><a href="#">红帽认证</a></li>
            <li><a href="#">甲骨文认证</a></li>
        </ul>
    </li>
    <li><a href="#">高校合作</a>
        <ul class="nav-item">
            <li><a href="#">合作理念</a></li>
```

```
            <li><a href="#">合作院校</a></li>
            <li><a href="#">合作形式</a></li>
            <li><a href="#">案例分析</a></li>
        </ul>
    </li>
    <li><a href="#">企业定制</a>
        <ul class="nav-item">
            <li><a href="#">服务理念</a></li>
            <li><a href="#">服务内容</a></li>
            <li><a href="#">服务特色</a></li>
            <li><a href="#">服务流程</a></li>
        </ul>
    </li>
    <li><a href="#">考试中心</a></li>
    <li><a href="#">学习资源</a>
        <ul class="nav-item">
            <li><a href="#">学习文章</a></li>
            <li><a href="#">学习视频</a></li>
        </ul>
    </li>
    <li><a href="#">关于我们</a>
        <ul class="nav-item">
            <li><a href="#">企业介绍</a></li>
            <li><a href="#">企业文化</a></li>
            <li><a href="#">企业环境</a></li>
        </ul>
    </li>
</ul>
<img class="banner" src="images/banner.jpg" alt="banner">
```

步骤2：设置CSS样式，把子菜单设置为绝对定位（不占位），并且隐藏。

```
.nav-item{
  display:none;
  position:absolute;
}
```

步骤3：当鼠标指针经过菜单项时显示子菜单。

```
.menu-list li:hover .nav-item{
  display:block;
}
```

步骤4：设置子菜单的样式。

```
.nav-item li{
  float:none;
}
.nav-item li a{
  background-color:rgba(255,255,255,0.8);
  color:#e91b05;
}
```

📖 知识拓展

行内元素设置为绝对定位或固定定位后，会变成块级元素，这样就可以设置宽、高等属性了。如图3-7-8所示，给span元素（图片右上角的vip）设置绝对定位，可以设置宽度和高度。

图3-7-8

📖 技能训练

使用本任务讲解的知识，实现图3-7-9所示效果，当鼠标移动到图片上时，出现遮罩层。

初始状态

出现遮罩层

图3-7-9

关键步骤

①建立 HTML 结构。

```
< div class = "video - item">
        < div class = "mask"> </div >
        < img src = "images/m1. jpg" alt = "">
</div >
```

②CSS 部分，定义 mask 类（遮罩层）的样式。

```
.mask{
    width:100%;
    height:100%;
    background:rgba(0,0,0,.5)url(images/play.png)no - repeat cen-
ter;
    background - size:40px;
    position:absolute;
    left:0;
    top:0;
    display:none;
}
.video - item:hover.mask{
    display:block;
}
```

课后测试

一、单选题

1. 在 CSS 中，可以将元素的定位模式设置为相对定位方式的是（　　）。

A．position:static;　　　　　　　　B．position:relative;

C．position:absolute;　　　　　　　D．position:fixed;

2. 在 CSS 中，可以将元素的定位模式设置为绝对定位方式的是（　　）。

A．position:static;　　　　　　　　B．position:fixed;

C．position:absolute;　　　　　　　D．position:relative;

二、多选题

1. 关于元素的绝对定位模式，下列说法正确的是（　　）。

A．"position:absolute;" 可以将元素的定位模式设置为绝对定位

B．绝对定位的元素将脱离标准文档流的控制

C．绝对定位的元素将不再占据标准文档流中的空间

D．绝对定位与相对定位的效果完全相同

2. 关于元素的静态定位模式，下列说法正确的是 （　　）。

A. 静态定位是元素的默认定位方式

B. 当 position 属性的取值为 static 时，可以将元素定位于静态位置

C. 静态定位是将各个元素定位在 HTML 文档流中默认的位置

D. 可以通过边偏移属性来改变静态定位元素的位置

3. 关于元素的相对定位模式，下列说法正确的是 （　　）。

A. 相对定位是将元素相对于它在标准文档流中的位置进行定位

B. 当 position 属性的取值为 absolute 时，可以将元素定位于相对位置

C. 可通过边偏移属性改变相对定位元素的位置

D. 应用相对定位后，元素在文档流中的位置将消失

4. 下列样式代码中，可精确定义元素位置的是 （　　）。

A. . special｛position：absolute；｝

B. . special｛position：absolute；top：20px；left：16px；｝

C. . special｛position：relative；；top：20px；left：16px；｝

D. . special｛position：relative；｝

5. 边偏移属性用于精确定义定位元素的位置，下列选项中，属于边偏移属性的是（　　）。

A. center　　　　　　B. position　　　　　　C. bottom　　　　　　D. left

6. 关于 z-index 属性的取值，下列正确的是 （　　）。

A. 1　　　　　　　　B. -3　　　　　　　　C. 0　　　　　　　　D. 4.5

7. 关于 z-index 属性的描述，下列说法正确的是 （　　）。

A. 取值必须是正数

B. 取值越大，定位元素在层叠元素中越居下

C. 取值越大，定位元素在层叠元素中越居上

D. 仅对定位元素生效

三、判断题

绝对定位是将元素依据浏览器窗口进行定位。　　　　　　　　　　　（　　）

四、实操题

在本项目中，已经制作了 about. html 中的大部分效果，现在制作一个完整的 about. html，显示效果如图 3-7-10 所示。

1F 企业介绍

　　腾科IT教育是广州腾科网络技术有限公司重点孵化的项目，聚焦IT教育和IT人才，提供面授/在线培训与教育、IT人才培养与就业、新工科建设（高校专业共建与实验室建设等）、企业人才定制培养等解决方案的专业公司。

　　广州腾科网络技术有限公司，以下简称腾科，位于广州,下辖5家分子公司,如：广州市腾科职业培训学校、深圳分公司、广州猎卓人力资源服务有限公司,博睿（广州）科技有限公司等，以及30多个培训网点,业务涵盖全国主要大、中型城市。

　　腾科是华为（Huawei）、红帽（Redaht）、甲骨文（Oracle）、思科（Cisco）、亚马逊（Amazon）、威睿（VMware）、肯睿（Cloudera）、微软（Microsoft）、中国开源软件推进联盟PostgreSQL分会（PostgreSQL）、美国计算机行业协会（CompTIA）、阿里巴巴（Alibaba）、安恒、商汤科技、360政企安全集团等十余家国际知名IT技术厂商和组织的授权培训（学习）合作伙伴，是广东省计算机学会常务理事单位。

　　聚焦IT教育和IT人才，开展IT认证培训和IT职业课程教育的同时，结合腾科自主研发的慕课+实验实训平台博睿云，联合各大IT厂商利用先进的体系与技术支持，实践智慧教育一体化的IT人才培养方案，助力高校新工科建设。

　　拥有培生（Pearson VUE）和普尔文（Prometric）两大国际考试中心，提供数千种IT认证考试服务。

2F 企业文化

　　腾科大家庭，是一个愉悦化组织，给大家建立一个轻松快乐的环境工作，定期举行各种活动。

　　腾科大家庭，是一个学习性组织，腾科会为员工发展做规划，不定期组织员工学习、培训，同时鼓励员工积极学习相关知识和技能。

3F 企业环境

　　腾科IT教育集团有多媒体教室，全真机房，仿真实训室，VIP学习室，休息室，办公区域等。腾科设有HCIE-Cloud实验室、HCIE-Storage实验室、HCIE-Security实验室、HCIE-RS实验室、CCIE-Collaboration实验室、CCIE-Security实验室、CCIE-SP 实验室、CCIE-RS实验室、 Redhat RHCA实验室、Oracle OCM实验室、微软服务器实验室、IBM存储实验室、AIX小型机实验室、安全攻防仿真实验室、软件工程实验 室等15个标准实验室，以满足课程研发和各种教学需要。

图 3 - 7 - 10

项目四
CSS 高级应用

任务4.1　CSS 动画的过渡效果

任务描述

本任务要实现的动画是：当鼠标移动到图（文）上方时触发动画。

当鼠标移动到图（文）上方时，网页开始执行伪选择器:hover 中图（文）的属性值。这些不一样的属性值会给视觉造成尺寸（或者其他）方面的变化，动画就此产生。

动画产生后，还需要在:hover 中引入过渡，才能使动画在几秒内展示完毕。

过渡是通过 transition 管理的。没有过渡，动画就没有中间过程，只有两个状态：原始状态、终止状态。

本任务是通过:hover 在鼠标经过图片上方时，通过属性 transition 让图片缓慢增大。完成前、后的效果如图4-1-1所示。

任务效果图

任务效果图如图4-1-1所示。

图4-1-1

能力目标

◇ 掌握:hover 的使用方法;
◇ 掌握 transition 使用方法。

知识引入

transition:过渡。

如果不设置 transition 属性,动画的变化将在一瞬间完成
(比如 0.1 秒)。

transition 的格式如图 4－1－2 所示。

下面举两个例子:

①img:hover{height:99px;transition:height 5s;}　　表示图片的高度经过 5 秒最终变为 99 px。
也可以简化为 img:hover{height:99px;transition:5s;}

②img:hover{margin－left:40px;transition:5s;}　　图片向右移动,持续 5 秒,停止的位
置在距容器左侧 40 px 处。

> transition:属性　持续时间
>
> 图 4－1－2

任务实现

关键代码如下:

```
<style>
  img{
    height:200px;
  }
  img:hover{
    height:400px;
    transition:5s;
  }
</style>

<body>
  <img src="images/jgs.jpg" alt="">
</body>
```

知识拓展

可以将 2 个动画独立执行:高度的变化 2 秒完成,宽度的变化 4 秒完成。

```
<style>
  img{
    height:200px;
```

```
        width:144px;
    }
    img:hover{
        height:400px;
        width:288px;
        transition:height 2s,width 4s;
    }
</style>

<body>
    <img src="images/jgs.jpg" alt="">
</body>
```

技能训练

使用本任务讲解的知识，实现图 4 - 1 - 3 所示的页面效果（通过增大图片高度产生动画）。

图 4 - 1 - 3

关键步骤

①在 img{} 中，必须设置图片高度，不能省略；

②在 img:hover{}中，必须设置图片动画结束点的高度；

③在 img:hover{}中，通过 transition 设置动画时间，从而确定动画的快慢。

课后测试

一、填空题

"过渡"的英语单词为＿＿＿＿＿＿＿＿＿＿。

二、判断题

1. 单个文字放大，能否通过过渡动画实现？（　　　）

A. 能　　　　　　　　B. 不能

2. transition：all 3s；与 transition：3s；功能一样吗？（　　　）

A. 一样　　　　　　　B. 不一样

3. 过渡动画可以在移动的同时放大吗？（　　　）

A. 能　　　　　　　　B. 不能

4. 鼠标离开动画对象后，能否在恢复原样的过程中，也设置过渡动画？（　　　）

A. 能　　　　　　　　B. 不能

三、单选题

1. 过渡动画是通过（　　　）启动的。

A. 鼠标单击　　　　　　　　　　B. 鼠标右击

C. 鼠标拖动　　　　　　　　　　D. 鼠标移动到对象的上方

2. transition：all 3s；表示（　　　）。

A. 所有设定的变化属性，都在 3 秒完成

B. 所有设定的变化属性，都在 3 毫秒完成

C. 所有设定的变化属性，延迟 3 秒后，才有动画

D. 所有设定的变化属性，动作完成后，对象固定 3 秒后，再还原

四、多选题

1. 过渡动画可以放大（　　　）。

A. 图片　　　　　　B. 文字　　　　　　C. div 区域　　　　　　D. p 区域

2. 过渡动画可以（　　　）。

A. 缩放　　　　　　B. 移动　　　　　　C. 清晰变模糊　　　　D. 由透明变为不透明

F. 改变颜色

五、操作题

1. 制作一个苏炳添百米冲刺的渐变动画。

2. 将一幅图片由模糊逐渐变清晰（提示：不透明度（opacity））。

3. 当鼠标离开图片时，也有过渡动画复原（提示：在 img 的 CSS 设置中，增加 transition）。

任务4.2　CSS动画的形变效果

任务描述

CSS3 规范中，设定了 4 个不同的形变：
- 平移（translate）
- 缩放（scale）
- 旋转（rotate）
- 倾斜（skew）

本任务中，通过滑雪运动员的移动，认识形变的设置方法。

任务效果图

任务效果图如图 4 – 2 – 1 所示。

图 4 – 2 – 1

能力目标

通过变形属性 transform 来调用四个函数，从而达到改变位置、改变比例、旋转角度、图片倾斜的效果。

知识引入

transform：转换。

transform 的格式如图 4 – 2 – 2 所示。

transform 所调用的函数见表 4 – 2 – 1。

transform:　函数

图 4 – 2 – 2

表 4 – 2 – 1

函数	含义	单位
translate(x[,y])	坐标（x，y）	px 或百分比（比如33%）
translateX(n)	x 坐标值为 n	px 或百分比（比如33%）

续表

函数	含义	单位
translateY(n)	y 坐标值为 n	px 或百分比（比如33%）
scale(x,y)	水平方向缩放 x 倍，垂直方向缩放 y 倍	没有单位
scaleX(n)	水平方向缩放 n 倍	没有单位
scaleY(n)	垂直方向缩放 n 倍	没有单位
rotate(angle)	angle 为正值，则顺时针旋转一定的角度	deg 或 rad 或 turn
skew(x_angle[,y_angle])	使元素在水平和垂直方向同时倾斜一定的角度	deg 或 rad 或 turn
skewX(angle)	使元素在水平方向倾斜一定的角度	deg 或 rad 或 turn
skewY(angle)	使元素在垂直方向倾斜一定的角度	deg 或 rad 或 turn

任务实现

关键代码如下：

```
<style>
  img:hover{
    transform:translate(444px,0);
    transition:4s;
  }
</style>


<body>
  <img src="images/ski.jpg" alt="">
</body>
```

知识拓展

让滑雪运动员高空旋转360°。关键代码如下：

```
<style>
  img:hover{
    transform:rotate(360deg);
    transition:4s;
  }
</style>


<body>
  <img src="images/ski0.jpg" alt="">
</body>
```

技能训练

使用本任务讲解的知识，实现图 4-2-3 所示的页面效果：向右移动的过程中，旋转 360°。

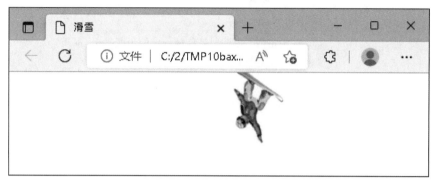

图 4-2-3

课后测试

一、填空题

调用函数 translate（ ）、scale（ ）、rotate（ ）、skew（ ）必须用到的英语单词为

_____。

二、判断题

1. translate( ) 用于（　　）。

A. 平移　　　　　　　B. 翻译

2. scale( ) 用于（　　）。

A. 旋转　　　　　　　B. 缩小

3. rotate( ) 的含义是（　　）。

A. 轮流　　　　　　　B. 旋转

4. skew( ) 的含义是（　　）。

A. 歪斜　　　　　　　B. 曲解

5. transform 可以取代 transition 吗？（　　）

A. 可以取代

B. 不可取代

三、单选题

1. transform-origion 用于（　　）。

A. 调用变形函数　　　　　　　　B. 改变对象中心点

C. 设定过渡动画表演时间　　　　D. 可以影响 translate( )动作

2. rotate(111deg) 表示（　　）。

A. 旋转 111 弧度　　　　　　　B. 旋转 111°

C. 水平移动 111 像素　　　　　　　　D. 垂直移动 111 像素

3. （移动 + 旋转）的动画设定为（　　　）。

A. transform：translate（33px，66px）；transform rotate（99deg）；

B. transform：translate（33px，66px），transform rotate（99deg）；

C. transform：translate（33px，66px）rotate（99deg）；

D. transform：translate（33px，66px），rotate（99deg）；

四、多选题

translate（　　　）。

A. 可以水平移动　　　　　　　　　　B. 可以垂直移动

C. 可以斜线移动　　　　　　　　　　D. 可以旋转

五、操作题

1. 将地球图片的宽度增大一倍，高度缩小一半。

2. 将地球图片旋转 45°。

3. 将一个带颜色的正方形在 x 轴方向上倾斜 5°，在 y 轴方向上倾斜 9°。

4. 改变图片的旋转中心，并选择 60°（提示：transform – origin：x y；）。

任务 4.3　CSS 多过程动画

任务描述

多过程动画是指，针对某个图片，动画可以设计得更曲折复杂，犹如过山车，连绵不断。

多过程动画的触发，不再依赖鼠标，而是在网页一出现，就开始表演，除非借助 JavaScript 程序来控制它的表演启动时间。

本任务是设计一个动画，让一个滑雪运动员经过高低曲折的滑道，最终到达终点。

任务效果图

任务效果图如图 4 – 3 – 1 所示。

图 4 – 3 – 1

能力目标

✦ 学会设定动画对象，比如：animation:skii 3s；
✦ 学会设定动画的过程，比如：@keyframes skii{ }；
✦ 学会在每个过程中设定动作，比如：transform:translate(650px,0)。

知识引入

animation：动画。

首先要给动画规定名称，以及整个动画所需时间。其格式如图4-3-2所示。

接下来，需要设置2个或者2个以上的关键帧。

keyframes：关键帧。

设置关键帧的格式如图4-3-3所示。

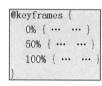

```
Animation:  动画名称  动画时长
```

图4-3-2

图4-3-3

过程动画的属性见表4-3-1。

表4-3-1

序号	属性	描述	默认值
1	@ keyframes	动画标志	
2	animation	合并下面8个属性的简化描述	
3	animation – name	动画名称	
4	animation – duration	动画时长（s/ms）	0 s
5	animation – timing – function	速度函数	ease
6	animation – delay	延迟启动时间	0 s
7	animation – iteration – count	动画重复次数（infinite 无穷次）	1
8	animation – direction	正向/逆向（normal、reverse、alternate、alternate – reverse）	normal
9	animation – play – state	播放/暂停（running/paused）	running
10	animation – fill – mode	动画前/后的状态（backwards、forwards、both、none）	none

任务实现

关键代码如下：

```
<style>
img{
  top:50%;
  position:absolute;
  animation-name:skiing;
  animation-duration:7s;
}
    @keyframes skiing{
        0%{
            transform:translate(0,0);
        }
        25%{
            transform:translate(250px,0);
        }
        45%{
            transform:translate(450px,-200px);
        }
        65%{
            transform:translate(650px,-200px);
        }
        85%{
            transform:translate(850px,0);
        }
        100%{
            transform:translate(1000px,0);
        }
    }
</style>
<body>
<img src="images/ski.jpg" alt="">
</body>
```

📠 知识拓展

①如果过程只有两种状态，关键帧的代码如下：

```
@keyframes skii{
  0%{
    transform:translate(0);
  }
```

```
100%{
    transform:translate(99px);
  );
}
```

②如果过程只有两种状态，也可以写成如下的代码：

```
@ keyframes skii{
  from{
    transform:translate(0);
  }
  to{
    transform:translate(99px);
  );
}
```

技能训练

为了让鼠标控制动画，在上面代码的基础上增加如下代码：

```
img:hover{
    animation - play - state:paused;
}
```

课后测试

一、填空题

1. 在@之后，用于设置某个动画的帧过程的英语单词为_____。

2. 用于规定动画名字的属性，它的英语单词为_____。

3. 帧的含义是_____。

二、判断题

1. key 的含义是（   ）。

A. 关键   B. 钥匙

2. frame 表示（   ）。

A. 框架   B. 帧

3. from…to 的意思是（   ）。

A. 从起始位置的状态到终止位置的状态

B. 设置开始时刻和结束时刻

4. from…to 与 0%…100% 能互换吗？（   ）

A. 能   B. 不能

5. 关键帧设定，能设定 111% 吗？（   ）

A. 能　　　　　　　　B. 不能

6. 在一个关键帧里面，能设置动作吗?（　　　）

A. 能　　　　　　　　B. 不能

三、单选题

1. @ keyframes 的含义是（　　　）。

A. 设置一个对象　　　　　　　　B. 搭建一个框架

C. 设置这个动画的几个关键帧　　　　D. 设置这个动画的所有帧

2. 通过 translate( ) 移动对象后，在结束动画后，不会回到出发点的方法是（　　　）。

A. 在 100% 帧处增加 stop

B. 通过鼠标拖住不放

C. 通过 transition 属性让对象保持在原地

D. 在 animation 中增加 forwards

四、操作题

设计一个篮球不停地上下弹跳的动画。

项目五
PC 端页面设计

任务5.1　制作网页效果图

📼 任务描述

　　网站开发遵循一定的流程，首先要进行需求分析，根据客户需求设计网站原型、制作网页效果图、进行前后端开发、测试，直至网站正式上线。

　　本任务要使用图像处理软件 Photoshop 制作腾科 IT 教育官网首页效果图的上半部分，如图 5 – 1 – 1 所示。

📼 任务效果图

　　任务效果图如图 5 – 1 – 1 所示。

图 5 – 1 – 1

📼 能力目标

　　◇ 了解网站开发流程；

　　◇ 掌握网页效果图的制作方法。

知识引入

1. 网站开发流程

网站开发遵循一定的流程，但没有统一的标准，大致分为 5 个步骤，如图 5 – 1 – 2 所示。

图 5 – 1 – 2

第 1 步：需求分析。

首先明确网站开发的目的，是要进行企业形象宣传展示还是进行产品销售，或是有其他目的？

然后分析网站的功能、网站的栏目、网站的风格，了解费用预算等。

第 2 步：制订网站建设方案。

进行网站原型设计，确认网站前台和后台功能及费用预算。

第 3 步：签订合同。

建站方和客户签订建站委托服务协议，客户支付定金。

第 4 步：设计开发。

设计师根据网站原型制作网页效果图，完成后交给客户审核，直至确认。客户确认后，设计师再给网页效果图添加标注。

前端开发工程师根据网页效果图和标注图进行切图，并制作静态网页。

后端开发工程师根据网站结构和功能设计数据库，并开发网站后台。

第 5 步：测试上线。

网站开发完成后，在测试服务器上进行测试。测试通过后交付客户验收，验收通过后正式上线发布，将网站上传到服务器。

2. Photoshop 基础

本书使用 Photoshop（2022 版本）制作网页效果图，在制作之前，先来学习 Photoshop 的基础知识和基础操作。

（1）新建画布

新建一个 Photoshop（以下简称 PS）格式的工作项目，规定其作画区域的一些属性，如图 5 – 1 – 3 所示。

（2）图层

新建好画布之后，在 PS 工具的右下角一般可以看到一个"图层"窗口。图层是 PS 中非常重要的一个概念，它规定了不同作图元素的叠放顺序、显示优先级，并可以协助用户整理作图区域，将一些功能相近或需要做出区分的元素放置于不同的图层分组之中。要理解图层，你可以想象有一个桌面就是作画区域，上面放着许多层透明的绘图纸，每层图纸都是一个图层。那么放在上层的图纸，其内容的显示优先级更高，并对下层图纸的内容有遮挡效果，但是下层图纸未被遮挡的内容也可以显示出来。当然，这些都是图层的基本功能，图层

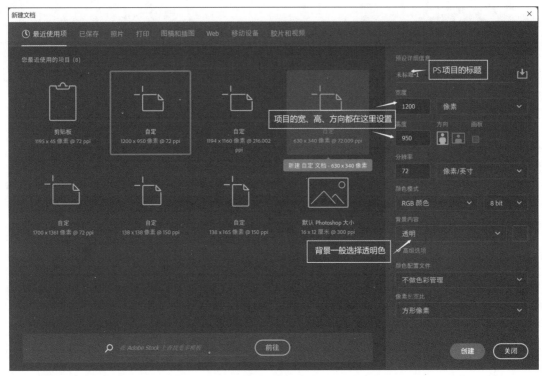

图 5 - 1 - 3

还有效果叠加、透明度设置、图层效果设置等强大功能。

图 5 - 1 - 4 是一个关于图层的示意图,假设有三个图层,背景都是透明的(图中用灰色表示透明),那么三个图层经过重叠后,可以看到最上方的蝴蝶形状显示优先级比最下方的草丛高,重叠的地方蝴蝶的轮廓会对草丛轮廓进行遮挡。

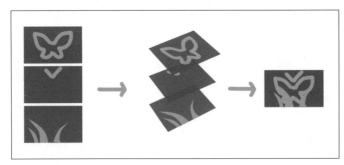

图 5 - 1 - 4

(3)画笔、形状、文字

如图 5 - 1 - 5 所示,在 PS 软件的左侧是常用工具栏,其中,标号为①的是画笔工具,可以自由绘画;②是文字工具,类似于 Word 等软件中的文本框,可以在指定位置写上预定内容;③是形状工具,默认是矩形,右键单击此按钮,还能看到圆形、自定义形状等形状工具,如图 5 - 1 - 6 所示。

图 5 - 1 - 5

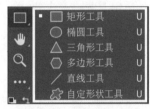

图 5 - 1 - 6

（4）色彩选择

单击工具栏最下方的颜色选择工具![icon]，可以打开 PS 的拾色器，如图 5 - 1 - 7 所示。可以在①区域自由滑动选择颜色，也可以在②区域通过 RGB 值或 HSB 设定颜色，还可以在③区域直接输入十六进制颜色代码来选择颜色。

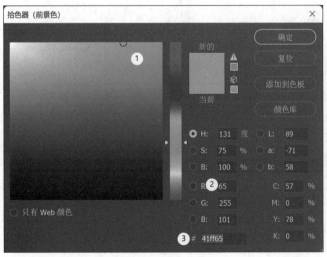

图 5 - 1 - 7

（5）选区

选区在 PS 中有非常重要的作用，很多操作都是基于选区进行的。例如，在彩色图像中，制作部分区域的黑白效果、删除部分区域的内容，都要在有选区的状态下进行。选区内可以进行正常的作图操作，区域外是"保护"状态，无法被编辑。在 2022 版本的 PS 中，创建选区的工具共有 10 个，集中在工具栏上部，如图 5 - 1 - 8 所示。

标准形状选区工具　　　　　不规则形状选区工具　　　　　自动选择工具

图 5 - 1 - 8

标准形状选区工具：使用鼠标拖曳出一个矩形或者圆形，可在选区内进行图像编辑。

不规则形状选区工具：有套索、多边形套索、磁性套索工具，可以更灵活地编辑区域形状。

自动选择工具：用鼠标单击图像中希望选择的区域，PS 会自动帮你选择一块连续的图形、色块，乃至内容相似或语义上属于一个整体的区域。

任务实现

①新建画布。

新建一个宽度为 1 920 像素，高度为 900 像素（高度不限，后期如果不够，可以再增加），分辨率为 72 像素/英寸，背景色为#f5f5f5 的画布。新建步骤如图 5 - 1 - 9 所示。

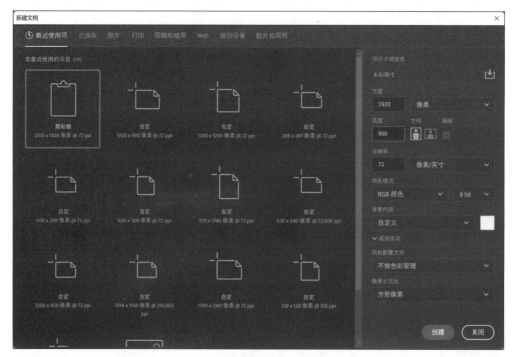

图 5 - 1 - 9

②设置单位与标尺。

按 Ctrl + K 组合键打开（"编辑"→"首选项"），选择"单位与标尺"选项，确定"单位"→"标尺"里的单位为"像素"，如图 5 - 1 - 10 所示。

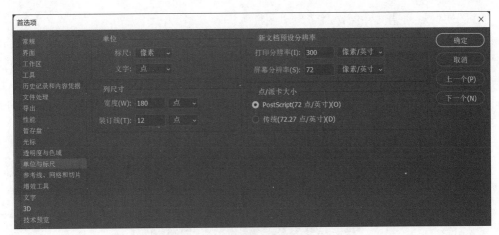

图 5 – 1 – 10

③使用参考线确定网页主体内容宽度。

在菜单栏单击"视图"→"参考线"→"新建参考线",新建一条垂直、位置为 360 像素的参考线,如图 5 – 1 – 9 所示。再用同样的方法新建一条垂直、位置为 1 560 像素的参考线。这时就可以确定网页主体内容宽度为 1 200 像素。参考线建好后,如图 5 – 1 – 11 所示。

图 5 – 1 – 11

④在图层区域新建文件夹,命名为"图标"。

使用鼠标,将目标 logo 图像(注:平时制作效果图时,logo、图标等都应该手动绘制,但需要较强的美术功底,这里不方便演示,就先使用提前准备好的资源)从文件夹中拖曳到 PS 的标签区域。打开 logo 图像,按 Ctrl + A 组合键全选,并按 Ctrl + C 组合键复制。回到项目标签,按 Ctrl + V 组合键粘贴,并在右侧属性栏中调整 logo 图像的大小。效果如图 5 - 1 - 12 所示。

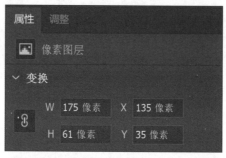

图 5 - 1 - 12

⑤在水平位置 50 px 处建立一条参考线。

使用矩形工具,在参考线附近单击,出现"创建矩形"窗口(图 5 - 1 - 13(a))。画一个宽为 355 px、高为 44 px 的矩形 1,边框颜色设置为#dedede,填充为无,并设置矩形的圆角弧度为 5 px。再次单击空白处,新建一个宽度、高度都为 45 px 的矩形 2,边框设置为无,填充色为#e91b05,对这个小矩形的圆角弧度进行设置,如图 5 - 1 - 13(b)所示(在矩形属性框里也可以修改相关属性)。将其拖曳到右侧参考线处,右边框、上边框与参考线对齐。再将矩形 1 拖曳到矩形 2 左侧,对齐。参照步骤③导入一个搜索图标 search. gif,调整尺寸为 21 px ×21 px,放置于红色矩形之上。在文本框位置输入文字"请输入搜索的内容",微软雅黑,20 点。画好后形成对话框的效果如图 5 - 1 - 14 所示。

⑥在图层区域,新建另一个和图标平级的文件夹,名为导航栏。横向参考线移动到

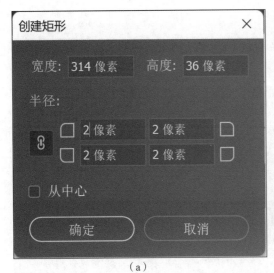　　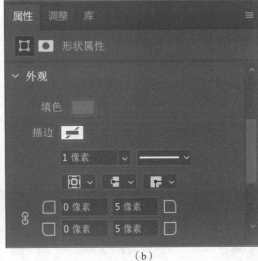

（a）　　　　　　　　　　　　　（b）

图 5 – 1 – 13

图 5 – 1 – 14

100 px 位置，绘制#e91c05 填充色、无边框、1 920 px ×45 px 的矩形。移动竖向参考线到
395 px 位置，使用文字工具，设定字体为"微软雅黑"，16 点大小，白色，输入"首页"，
属性调整如图 5 – 1 – 15 所示。使文字出现在导航条垂直正中间的位置，左边对齐参考线。
接下来写下"优选课程""高校合作""企业定制"等文字。最终效果如图 5 – 1 – 16 所示。

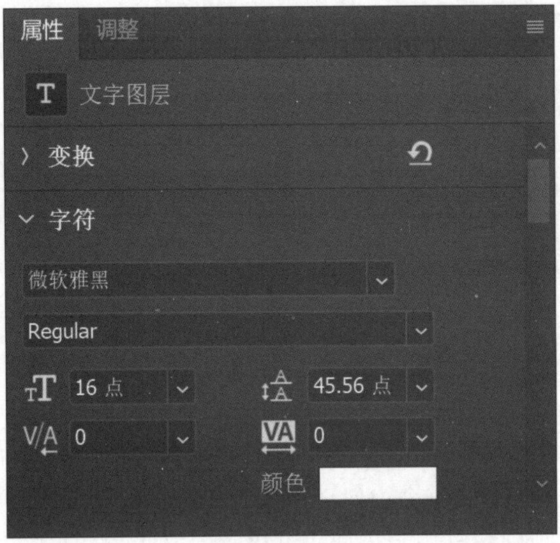

图 5 – 1 – 15

图 5 – 1 – 16

⑦给导航栏加上鼠标移到其上的效果。

添加一个 130 px × 45 px 的白色无边框矩形，X、Y 轴坐标如图 5 – 1 – 17（a）所示；再添加一个 130 px × 135 px 的白色无边框矩形，X、Y 轴坐标如图 5 – 1 – 17（b）所示。在上面放置下拉菜单中的文字，微软雅黑，16 点，#e91b05。

（a） （b）

图 5 – 1 – 17

⑧用步骤③中的方法插入图片 banner1. jpg，调整其宽度为 1 920 px，置于导航栏正下方，效果如图 5 – 1 – 18 所示。

图 5 – 1 – 18

⑨在图层中新建文件夹"版块"，在里面新建一个图层。使用"矩形选择工具"，框选轮播图下方的大片空白区域，并使用"油漆桶"工具将其填充为灰色#f5f5f5。将水平参考线挪到 640 px 处，使用"矩形"工具绘制无边框、白色、156 px 的矩形。间隔 18 px，绘制另外 6 个相同的矩形（也可以直接复制粘贴图层，再挪动到对应位置）。

⑩把资源图片依次拖到白框中，再使用文字工具加上对应文字（小图 14 点，大图 22

点，#333333），最后的效果图就绘制完成了，如图 5 - 1 - 19 所示。图中新增水平方向参考线位置：650 px、690 px、700 px、718 px、728 px、768 px。

图 5 - 1 - 19

完成绘制后，可以直接保存项目为"预览图.psd"文件。psd 是 PS 的专用格式，里面包含了所有图层、设计信息，方便下次打开继续编辑。如果需要导出 png/jpg 等格式的图像，可以在菜单栏选择"文件"→"导出"，选择需要导出的图像类型，比如导出 png 格式的图像，这样网页效果图就做好了。

知识拓展

在 PS 中，有以下几种常见类型的图层。

● 背景图层：一幅画中只能有一个背景图层，这个图层不能与其他图层交换堆叠顺序，位于最底层。

● 普通图层：最基本的图层类型，就相当于一张透明的纸。

● 形状图层：一种矢量图层，如矩形、直线绘制之后，默认生成的就是形状图层，可以对形状进行无损质量的拉伸缩放变形。

● 蒙版图层：用来控制显示范围的图层

● 文字图层：文字工具自动生成的图层。

在"图层"面板上，还可以直接调整图层的混合属性，常用的有设置图层阴影、内外发光、描边等效果，如图 5 - 1 - 20 所示。

技能训练

使用本任务讲解的知识，制作图 5 - 1 - 21 所示网页效果图的图示部分。

图 5 – 1 – 20

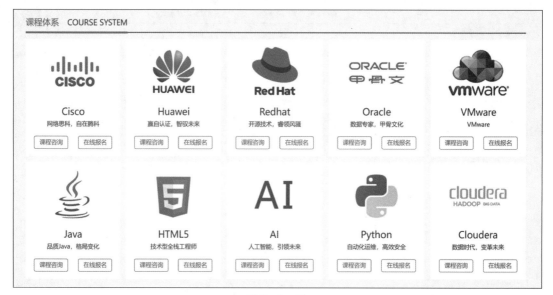

图 5 – 1 – 21

关键步骤

①在对应位置添加辅助线，辅助确定位置。
②从资源中取得对应 logo 并拖动到对应位置。
③输入并调整文本大小，使其符合图示效果。
④水平线可以使用线条工具绘制。

课后测试

单选题：

1. 下列选项中，（　　）是 PS 里面的矩形绘制工具。

A. 　　　B.　　　C.　　　D.

2. 下列方式中，（　　）不能选择正确的颜色。

A. 通过调色板直接选择　　　　　　B. 输入 RGB 值

C. 输入颜色单词如 red　　　　　　D. 输入十六进制代码

3. 以下组合键可以打开标尺功能的是（　　）。

A. Ctrl + R　　　B. Alt + R　　　C. Ctrl + K　　　D. Alt + K

4. 以下关于 PS 图层的说法，错误的是（　　）。

A. 每个图层是独立的，有自己的属性

B. 所有图层的名称都不能重复

C. 每个图层都可以自由移动到指定位置

D. 所有图层的信息都显示在图层属性框里

任务 5.2　切图与标注

任务描述

网页效果图制作完成之后，设计师还要进行标注。标注是为了确定每个网页元素的样式、大小、具体位置等。前端开发工程师能不能完整地还原设计师制作的效果图，很大一部分取决于标注。接着前端开发工程师根据网页效果图和标注图制作静态网页。制作网页过程中所需的一些图片素材都要通过切图的方式来获取。

本任务要对网页效果图进行标注，完成如图 5-2-1 所示的标注图，并切出制作网页时所需的图片素材。

任务效果图

任务效果图如图 5-2-1 所示。

图 5-2-1

能力目标

◇ 了解切图的方法和流程；

◇ 掌握网页效果图标注的方法。

知识引入

1. 切图基本概念

● 什么是切图？

网页效果图制作完成之后，前端开发工程师需要把它制作成网页，这时效果图中的一些图片素材就要通过切图的方式来获取。比如上个任务制作的效果图，里面用到的各个部分的图片素材（logo、banner 图等），都可以通过切图的方式来获取。打开 psd 设计稿，使用切片工具把需要的素材切成一张一张图片并导出成需要的格式，这个过程就叫作切图。

● 切片的基本原则

①绘制切片时，一定要和所切内容保持同样的尺寸。

②切片不能重叠。

③各个切片之间的引导线尽量对齐。

④单色区域不需要切片。

⑤重复性的图像只需要切一张即可。

● 需要切图的内容

判断的基本原则：只要是不能用代码实现的都要切，见表 5 - 2 - 1。

表 5 - 2 - 1

修饰性的图片（一般用于 background 属性）	内容性的图片（一般用于 < img > 标记）
● 图标、logo ● 有特殊效果的按钮、文字等 ● 非纯色的背景 一般存为 PNG 格式	● banner、广告图片 ● 文章中的配图…… 一般存为 JPG 格式

● 切出来的图片要保存的格式

可以遵循以下简单的原则：当图片色彩丰富且无透明度要求时，可以保存为 JPG 格式并选择合适的品质；当图片有透明度要求时，保存为 PNG - 24 格式；当图片色彩不太丰富且不影响视觉效果时，可以保存为 PNG - 8 格式。

2. 切图工具

在 PS 的工具栏中，有一个"切片"工具，它可以方便地把需要的元素从整个图上"切"下来，并导出成不同格式的图像。切片工具的位置如图 5 - 2 - 2 所示。

选中工具栏中的切片工具，在想切割下来的地方拖曳出一个矩形区域，PS 会自动帮你把当前绘画区域分割成几个小块，其中的一块就是你

图 5 - 2 - 2

需要的元素。如图 5-2-3 所示，选中了 logo 区域之后，logo 被标识为 03 块，周围区域被 PS 自动切割成 04 块和 05 块。选中切片，单击鼠标右键，选择"编辑切片选项"，在弹出的"切片选项"对话框中可以修改切片名称和尺寸，如图 5-2-4 所示。

图 5-2-3

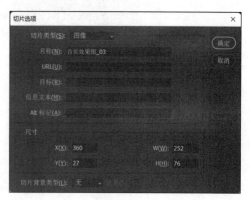

图 5-2-4

考虑到切片工具的这种自动将画布按块分割的特性，切片工具也很适合用于切割排列整齐的图组，比如九宫格或者图标组。如图 5-2-5 所示的九宫格图片，使用切片工具就很容易可以分割成 9 份。

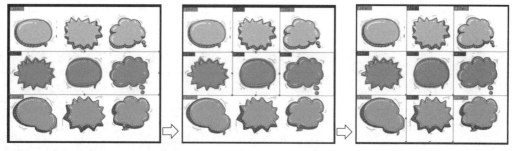

图 5-2-5

对于数量更多、排列整齐的一组图像，还可以使用参考线来切图，如图 5-2-6 所示。使用 Ctrl+R 组合键打开标尺，鼠标从标尺向下拉，可以直接绘制参考线。绘制后，在切片工具的选项里，单击"基于参考线的切片"，将自动生成 16 块切片。

切片完成后，要把切片导出成图像，选择"文件"→"导出"→"存储为 Web 所用格式"，在弹出的导出框里选择图片格式、存储路径等，如图 5-2-7 所示。

注意：单击"存储"按钮后，在弹出的对话框中设置"切片：选中的切片"，这时会在选择的存储位置自动生成一个 images 文件夹，刚才切好的图片就在这个文件夹中，如图 5-2-8 所示。

3. 标注工具

对图像进行标注有两种方法：①使用 PS 的尺子功能量好尺寸，再手动绘制箭头、数字标注在图上；②使用标注工具自动对图像进行标注，常用的工具有第三方软件 PxCook。首先介绍第一种手工标注的方法，再介绍 PxCook 的使用方法。

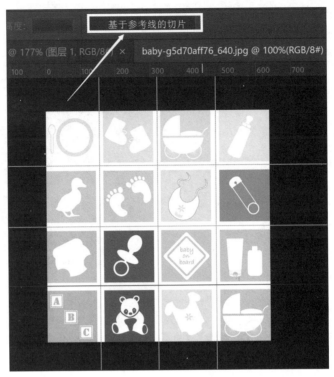

图 5-2-6

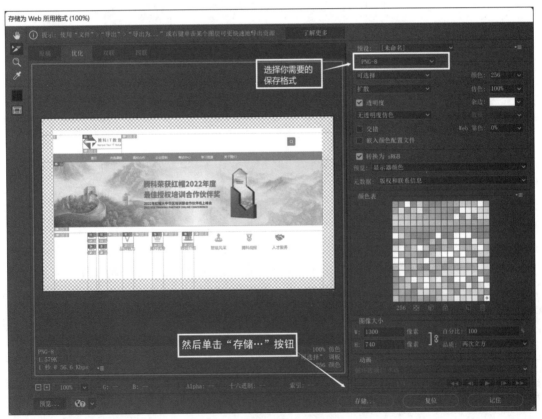

图 5-2-7

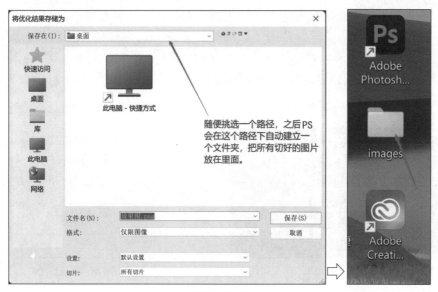

图 5 - 2 - 8

标注时，需要获取如下信息：

* 颜色信息（通过取色）。
* 尺寸信息（通过测量）。

打开设计稿，需要标注的信息如图 5 - 2 - 9 所示。

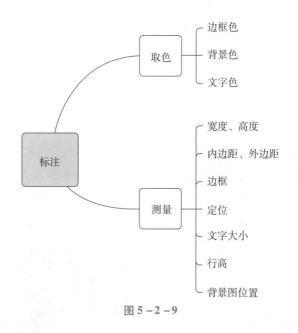

图 5 - 2 - 9

任务实现

1. 手工标注

步骤 1：使用 PS 中的工具测量一个元素的具体位置，作出尺寸标注图。

如图 5 – 2 – 10 所示，先在工具栏"取色器"处右击，将其改成"标尺工具"。此时鼠标变成一个尺子的形状，就可以在需要被测量的元素旁边拖曳鼠标，尺子会画出一条线（可以在拖曳鼠标时按住 Shift 键，以保证画出来的线水平/垂直），效果如图 5 – 2 – 11 所示。同时，菜单栏下方的区域会显示这条线的长度和位置，W 后面跟的是长度，X、Y 的值是开始标记点的坐标，如图 5 – 2 – 12 所示。

图 5 – 2 – 10

图 5 – 2 – 11

图 5 – 2 – 12

获得这些数据之后，就可以使用工具栏中的"直线工具"（在"矩形工具"图标处右击，选择"直线工具"），在标尺附近画一条直线。颜色选择比较显眼的红色，直接拖曳鼠标即可绘出直线。然后在直线下方用文本工具写上刚才量出的数据：156 px。如果追求美观，还可以手动绘制箭头。这样一个标注就做好了，如图 5 – 2 – 13 所示。

类似地，对其他元素逐一标注具体的宽、高、位置、内外边距等尺寸信息，就完成了标注图的尺寸测量。

步骤 2：对页面中的元素取色。

仍以刚才"班级风采"矩形图为例进行取色。在 PS 的工具栏中选择"取色器"工具，对图标颜色进行取色：鼠标变成取色器的样式，在绿色区域单击，可以看到工具栏的颜色设置里，前景色已经是这种绿色了。点开颜色设置，查看这个颜色的十六进制代码，如图 5 – 2 – 14 所示。

图 5 – 2 – 13

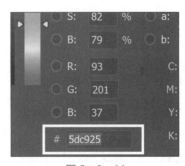

图 5 – 2 – 14

对文字的取色，如果效果图是 psd 格式，那么可以直接选择对应的文字图层，然后在工作区右侧的"属性"框中点开"颜色"面板，查看文字的颜色，如图 5 – 2 – 15 所示。

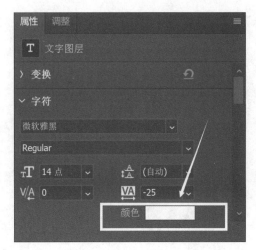

图 5 – 2 – 15

2. 自动标注工具 PxCook

当页面元素非常丰富时，手工标注尺寸的工作量非常大，这时可以借助标注工具来自动完成标注功能。这里介绍 PxCook 工具。

首先需要安装这个工具，工具官网地址为 https://www.fancynode.com.cn/。下载并安装后，打开工具，如图 5 – 2 – 16 所示。

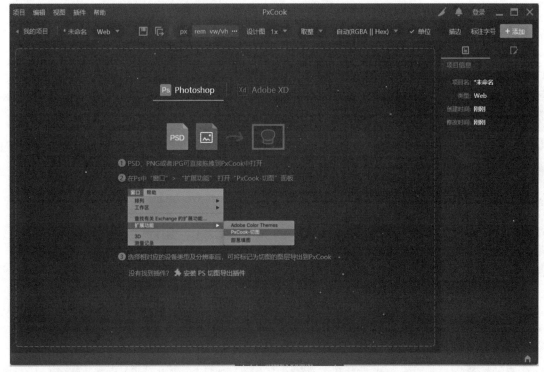

图 5 – 2 – 16

工具主页面上已经给出使用 PxCook 切图的步骤指引，按照这个指引在 PxCook 中打开已经做好的 PS 文件，如图 5 – 2 – 17 所示。

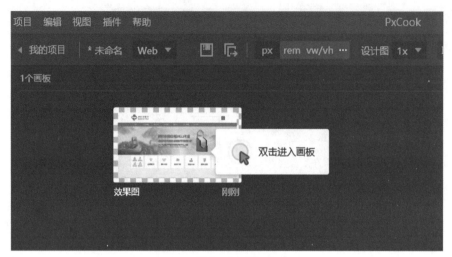

图 5 – 2 – 17

将 PS 文件拖入之后，根据指示信息，双击当前图像进入编辑界面，如图 5 – 2 – 18 所示。

首次进入界面，软件会有新手引导页，可以大致翻阅了解一下。现在将使用设计模式对页面中的各个元素进行测量标注。

软件左边是 PxCook 的工具栏，分为智能标注工具栏和普通标注工具栏。图 5 – 2 – 19 （a）所示是智能标注工具，将按鼠标选定的选区自动给出标注数据；图 5 – 2 – 19（b）所示是普通标注工具，可以按照需求自行选择。

图 5 – 2 – 18

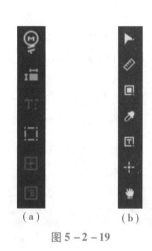

（a）　　　（b）

图 5 – 2 – 19

针对效果图，首先使用智能标注的自动标注尺寸功能。鼠标选中图层中的背景区域，并单击智能标注下面的"尺寸标注"按钮，如图 5 – 2 – 20 所示，这样，背景旁将出现两条红色的尺寸标注。接下来，可以在按住 Ctrl 键的同时，用鼠标单击其他需要被标注的图形，这样就可以一次性选中多个元素，然后再单击"尺寸标注"按钮，可一次性为多个目标元素标注尺寸，如图 5 - 2 - 21 所示。

图 5 - 2 - 20

图 5 - 2 - 21

从图中可以看出，由于效果图中存在大量红色的区域，标注文字也使用了红色，将与效果图重合，不容易辨识。可以通过单击标注文字，在上方的工具条中变更标注的样式，如图 5 - 2 - 22 所示。

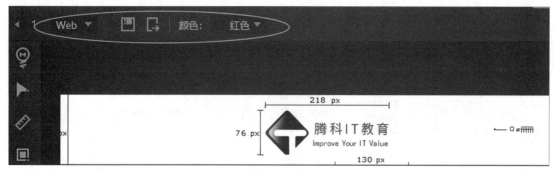

图 5 – 2 –22

当需要识别文字的详细信息时，应使用工具栏的文字标注功能。使用鼠标选中一段或者多段文字后，单击"文字标注"按钮，即可生成对应标注，如图 5 – 2 –23 所示。

图 5 – 2 –23

需要测量网页元素间距离时，鼠标直接在被测点元素间拖动智能标注工具，即可自动得到一个尺寸标注，如图 5 – 2 –24 所示。

当智能标注工具不足以满足需求时，如需要对同一个元素的内外边距进行测量，而 psd 文件又不够细致时，可以使用手动标注工具来辅助标注。以下是对指定

图 5 – 2 –24

距离进行标注的方法：先选择左侧工具栏中的"距离标注"工具，然后在需要测量距离的地方拖动鼠标（图中测量的位置在"品牌魅力"下方），如图 5 – 2 –25 所示。

颜色标注的方法：先单击"颜色标注"工具，再在被测位置单击，即可生成颜色代码。示例中生成的代码（大红色）和背景色颜色冲突了，故生成后还需要改一下标注颜色，如图 5 – 2 –26 所示。

图 5 - 2 - 25

　　如果需要对效果图中的某些区域做特殊说明，可以考虑使用"区域标注"工具，单击后用鼠标框选区域即可，效果如图 5 - 2 - 27 所示。

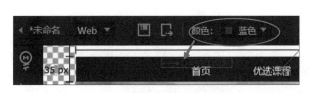

图 5 - 2 - 26

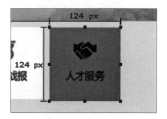

图 5 - 2 - 27

　　在标注过程中，如果感到有些拖曳出来的数据与自己想要的有一点点差距，又不容易通过拖曳调整，则可以使用普通工具栏中的"选择工具"双击尺寸数字进行修改。图 5 - 2 - 27 中，通过框选区域，可以将自动标注的 124 px 修改为 125 px。

　　如果需要加一些备注文字，可以使用普通工具中的"文字标注"功能，单击需要标记的地方，写上相关说明，例如透明度 80% 等。

　　除了使用 PxCook，还可以借助 PS 的插件实现自动标注，例如 Specs。Specs 是一个第三方插件，下载到本地电脑之后，是一个 .ccx 格式的文件，需要在电脑上安装 Adobe Creative Cloud 软件才能打开。本书使用的是 Specs 1.1 版本。安装好后，在菜单栏"增效工具"下面就能看到这个插件了，打开它之后，显示如图 5 - 2 - 28 所示的界面。

其中，第一个按钮"Measure Size"就是自动对选定图层的图像进行标注的功能。比如选中 logo 图层，然后单击"Measure Size"按钮，标注好的数据就会出现在作图区域，并且在图层处拥有独立的文件夹"Specs"，每个被测量过的元素都是 Specs 文件夹下的一个子文件夹，名称是图层的名称，效果如图 5-2-29 所示。如果有标注的数字出现重叠、遮盖了主要内容的现象，就可以选中对应的图层来调整位置。

图 5-2-28

图 5-2-29

技能训练

使用本任务讲解的知识对图 5-1-30 进行标注和切图。

关键步骤

①使用标尺工具确定需要测量的数据，并对待测元素逐个测量。
②对于需要使用的图片资源，使用切片工具进行切图。

课后测试

一、单选题

1. 以下选项中，不属于标注图需要测量的属性是（　　　）。

A. 文字的大小

B. 用于 img 区域图片的颜色

C. 导航栏的颜色

D. 按钮的内边距

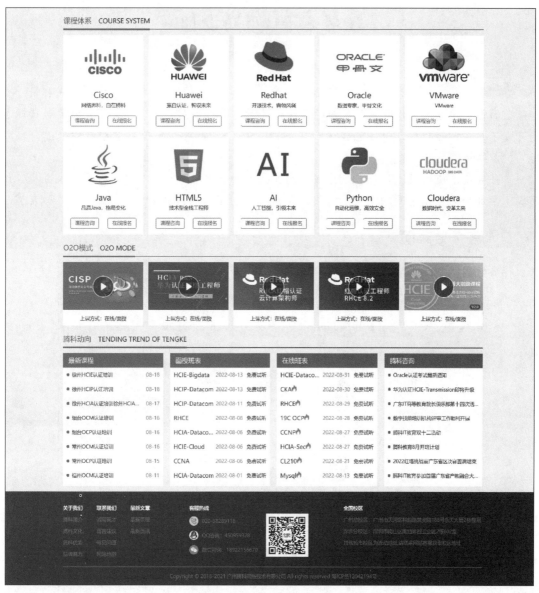

图 5 - 1 - 30

2. 效果图标注这个步骤应该在（　　）环节进行。

A. 需求分析阶段　　　　　　　　　B. 原型设计阶段

C. 制作静态网页之前　　　　　　　D. 测试阶段

3. 以下工具用于图像切片的是（　　）。

A. 切片选择工具　　　　　　　　　B. 区域选择工具

C. 剪切工具　　　　　　　　　　　D. 切片工具

二、简答题

请简述 PS 中将图片按照参考线切片的关键步骤。

任务 5.3　布局设计

🖥 任务描述

前面已经学习了制作网页效果图的方法，并对其进行切图和标注，接下来就要进行网页的开发了。在前面的项目中，已经学习了 HTML 和 CSS 的基本知识，现在对它们进行统筹规划，以组成想要的网页。

本任务要求使用 HTML 和 CSS 完成如图 5 – 3 – 1 所示布局（在任务 3.6 中已经分析了该网页上半部分的具体实现，现在把重点放在 banner 图下方的区域）。

🖥 任务效果图

任务效果图如图 5 – 3 – 1 所示。

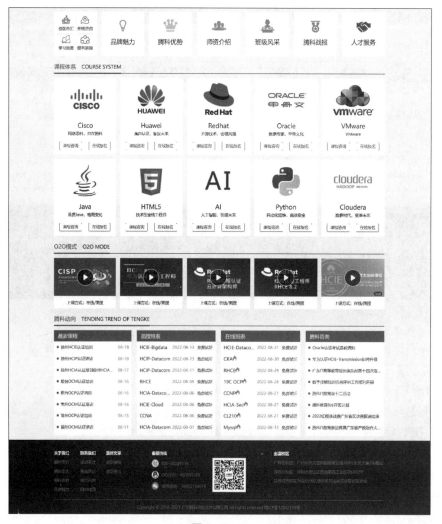

图 5 – 3 – 1

能力目标

◇ 掌握 HTML 结构设计的基本点；
◇ 掌握 CSS 样式表设计的思路；
◇ 了解轮播图的实现方法。

知识引入

1. HTML 结构设计

任何一个页面，应该尽可能保证在不使用 CSS 的情况下，依然保持良好的结构和可读性。这不仅对访问者有帮助，而且有助于被搜索引擎收录。

要使 HTML 代码具有良好的结构和可读性，需要使用具有一定含义的标记：

- 标题使用 h1 ~ h6，段落使用 p。
- 当有若干个项目并列时，使用无序列表 ul 是较好的选择。
- 使用结构标签，比如导航菜单放在 nav 中，logo 放在 header 中，页脚使用 footer。

这样网站的结构就清晰明了，代码也方便阅读和维护。

2. CSS 样式表设计

在定义好 HTML 的结构之后，接下来进行 CSS 样式表设计。

步骤 1：进行样式重置，以方便后续对各种元素的样式进行统一设置。常用的样式重置代码如下所示。

```
body,dl,dt,dd,ul,ol,li,h1,h2,h3,h4,h5,h6,pre,form,fieldset,input,
p,blockquote,th,td{
    margin:0;
    padding:0;
}
h1,h2,h3,h4,h5,h6{
    font-size:100%;
    font-weight:normal;
}
ol,ul{
    list-style:none;
}
address,caption,cite,code,dfn,em,strong,th,var{
    font-style:normal;
    font-weight:normal;
}
fieldset,img{
    border:0;
}
```

```
input,textarea{
   outline:none;
}
header,nav,article,aside,section,footer,main,figure,figcaption,
hgroup,details,summary,time,mark,audio,video{
   display:block;
}
```

步骤 2：整体样式设计。基于 CSS 的继承性，可以一开始就统一设置各页面中使用的字体类型、字体大小、颜色、超链接的样式、标题、段落等，以保证网站各页面风格的统一。

步骤 3：设置公共类的样式。把常用的样式提取出来，定义为公共类。

步骤 4：根据标记出现的先后顺序编写样式表。

任务实现

步骤 1：在 html 文件中定义页面的基本结构。

```html
<!doctype html >
<html >
<head >
<meta charset = "utf - 8">
<title >腾科 IT 教育官网 </title >
< link rel = "shortcut icon" href = "images/favicon. ico" type = "image/
x - icon"/ >
< link rel = "stylesheet" type = "text/css" href = "css/style. css">
</head >

<body >
<!-- 头部区域开始定义,包括搜索栏、导航栏 -->
< header class = "header">
  < div class = "top - content center">
    < h1 class = "logo left"> < a href = "#">腾科 IT 教育 </a > </h1 >
    < div class = "right">
      < div class = "header - search">
        < form class = "top - search - form" action = "http://zhannei.
baidu. com/cse/site">
          < input type = "search" name = "q" class = "header - input"
placeholder = "请输入搜索的内容">
          < input type = "button" class = "top - search - btn">
        </form >
      </div >
```

```html
      </div >
    </div >
    <div class = "top - nav - content">
      <nav class = "main - nav center">
        <div id = "menu - trigger">
          <!-- <span class = "top - menu">全部课程</span > -->
        </div >
        <ul class = "menu - list">
          <li > <a href = "index.html">首页</a > </li >
          <li > <a href = "#">优选课程</a >
            <ul class = "nav - item">
              <li > <a href = "#">华为认证</a > </li >
              <li > <a href = "#">红帽认证</a > </li >
              <li > <a href = "#">甲骨文认证</a > </li >
            </ul >
          </li >
          <li > <a href = "#">高校合作</a >
            <ul class = "nav - item">
              <li > <a href = "#">合作理念</a > </li >
              <li > <a href = "#">合作院校</a > </li >
              <li > <a href = "#">合作形式</a > </li >
              <li > <a href = "#">案例分析</a > </li >
            </ul >
          </li >
          <li > <a href = "#">企业定制</a >
            <ul class = "nav - item">
              <li > <a href = "#">服务理念</a > </li >
              <li > <a href = "#">服务内容</a > </li >
              <li > <a href = "#">服务特色</a > </li >
              <li > <a href = "#">服务流程</a > </li >
            </ul >
          </li >
          <li > <a href = "#">考试中心</a > </li >
          <li > <a href = "#">学习资源</a >
            <ul class = "nav - item">
              <li > <a href = "#">学习文章</a > </li >
              <li > <a href = "#">学习视频</a > </li >
            </ul >
          </li >
```

```html
        <li> <a href="about.html">关于我们</a>
          <ul class="nav-item">
            <li> <a href="#">企业介绍</a> </li>
            <li> <a href="#">企业文化</a> </li>
            <li> <a href="#">企业环境</a> </li>
          </ul>
        </li>
      </ul>
    </nav>
  </div>
</header>
<!-- 头部结束 -->
<!-- 开始定义主体区域,包括主体内容、图片,使用 section 进行区域分割 -->

<div class="banner"> <img src="images/banner1.jpg"> </div>

<main class="main">
  <section class="tg-group">
    <ul class="group-left left">
      <li> <a href="#">校区总汇</a> </li>
      <li> <a href="#">开班咨询</a> </li>
      <li> <a href="#">学习资源</a> </li>
      <li> <a href="#">报名咨询</a> </li>
    </ul>
    <ul class="group-right right">
      <li> <a href="#">品牌魅力</a> </li>
      <li> <a href="#">腾科优势</a> </li>
      <li> <a href="#">师资介绍</a> </li>
      <li> <a href="#">班级风采</a> </li>
      <li> <a href="#">腾科战报</a> </li>
      <li> <a href="#">人才服务</a> </li>
    </ul>
  </section>
  <section class="middle-block">
    <div class="block-top">
      <h2>课程体系 <span>COURSE SYSTEM</span> </h2>
    </div>
    <ul class="course-content overflow">
```

```
        <li> <a href = "#"> <img src = "images/index/course1.png" alt =
"">
            <h6> Cisco </h6>
            <p>网络思科,自在腾科 </p>
            </a> <a href = "#" class = "course - a">课程咨询 </a> <a href =
"#" class = "course - a">在线报名 </a> </li>
        <li> <a href = "#"> <img src = "images/index/course2.png" alt =
"">
            <h6> Huawei </h6>
            <p>赢自认证,智驭未来 </p>
            </a> <a href = "#" class = "course - a">课程咨询 </a> <a href =
"#" class = "course - a">在线报名 </a> </li>
        <li> <a href = "#"> <img src = "images/index/course3.png" alt =
"">
            <h6> Redhat </h6>
            <p>开源技术,睿领风骚 </p>
            </a> <a href = "#" class = "course - a">课程咨询 </a> <a href =
"#" class = "course - a">在线报名 </a> </li>
        <li> <a href = "#"> <img src = "images/index/course4.png" alt =
"">
            <h6> Oracle </h6>
            <p>数据专家,甲骨文化 </p>
            </a> <a href = "#" class = "course - a">课程咨询 </a> <a href =
"#" class = "course - a">在线报名 </a> </li>
        <li> <a href = "#"> <img src = "images/index/course5.png" alt =
"">
            <h6> VMware </h6>
            <p> VMware </p>
            </a> <a href = "#" class = "course - a">课程咨询 </a> <a href =
"#" class = "course - a">在线报名 </a> </li>
        <li> <a href = "#"> <img src = "images/index/course6.png" alt =
"">
            <h6> Java </h6>
            <p>品质 Java,格局变化 </p>
            </a> <a href = "#" class = "course - a">课程咨询 </a> <a href =
"#" class = "course - a">在线报名 </a> </li>
        <li> <a href = "#"> <img src = "images/index/course7.png" alt =
"">
            <h6> HTML5 </h6>
```

```
        <p>技术型全栈工程师</p>
        </a><a href="#" class="course-a">课程咨询</a><a href=
"#" class="course-a">在线报名</a></li>
        <li><a href="#"><img src="images/index/course8.png" alt=
"">
        <h6>AI</h6>
        <p>人工智能,引领未来</p>
        </a><a href="#" class="course-a">课程咨询</a><a href=
"#" class="course-a">在线报名</a></li>
        <li><a href="#"><img src="images/index/course9.png" alt=
"">
        <h6>Python</h6>
        <p>自动化运维,高效安全</p>
        </a><a href="#" class="course-a">课程咨询</a><a href=
"#" class="course-a">在线报名</a></li>
        <li><a href="#"><img src="images/index/course10.png" alt="">
        <h6>Cloudera</h6>
        <p>数据时代,变革未来</p>
        </a><a href="#" class="course-a">课程咨询</a><a href=
"#" class="course-a">在线报名</a></li>
    </ul>
  </section>
  <section class="middle-block">
    <div class="block-top">
      <h2>O2O模式<span class="block-top-en">O2O MODE</span>
</h2>
      </div>
      <ul class="study-resourse overflow">
        <li><a class="course-video resourse-a" data="" title="">
<img class="resourse-pic" src="images/index/video-image1.jpg" alt=
""><img class="resourse-img" src="images/index/play.png"></a>
        <p>上课方式:在线/面授</p>
        </li>
        <li><a class="course-video resourse-a" data="" title="">
<img class="resourse-pic" src="images/index/video-image2.png" alt=
""><img class="resourse-img" src="images/index/play.png"></a>
        <p>上课方式:在线/面授</p>
```

```
        </li>
        <li><a class="course-video resourse-a" data="" title="">
<img class="resourse-pic" src="images/index/video-image3.png" alt=
""><img class="resourse-img" src="images/index/play.png"></a>
            <p>上课方式:在线/面授</p>
        </li>
        <li><a class="course-video resourse-a" data="" title="">
<img class="resourse-pic" src="images/index/video-image4.png" alt=
""><img class="resourse-img" src="images/index/play.png"></a>
            <p>上课方式:在线/面授</p>
        </li>
        <li><a class="course-video resourse-a" data="" title="">
<img class="resourse-pic" src="images/index/video-image5.jpg" alt=
""><img class="resourse-img" src="images/index/play.png"></a>
            <p>上课方式:在线/面授</p>
        </li>
    </ul>
</section>
<section class="middle-block">
    <div class="block-top">
        <h2>腾科动向<span class="block-top-en">TENDING TREND OF
TENGKE</span></h2>
    </div>
    <div class="tend-block">
        <div class="live-box">
        <h3><a href="#">最新课程</a></h3>
        <ul class="live-list">
        <li><a href="#">徐州HCIE认证培训</a><span>08-18
</span></li>
        <li><a href="#">徐州HCIP认证培训</a><span>08-18
</span></li>
        <li><a href="#">徐州HCIA认证培训徐州HCIA认证培训</a>
<span>08-17</span></li>
        <li><a href="#">烟台OCM认证培训</a><span>08-16
</span></li>
        <li><a href="#">烟台OCP认证培训</a><span>08-16
</span></li>
        <li><a href="#">常州OCM认证培训</a><span>08-16
</span></li>
```

```
            <li><a href="#">常州 OCP 认证培训</a><span>08-15
</span></li>
            <li><a href="#">福州 OCM 认证培训</a><span>08-11
</span></li>
        </ul>
    </div>
    <div class="class-box">
        <h3><a href="#">面授班表</a></h3>
        <ol class="class-list">
            <li><span class="open-name">HCIE-Bigdata</span>
<span class="open-date">2022-08-13</span><span class="open-
listen"><a href="#">免费试听</a></span></li>
            <li><span class="open-name">HCIP-Datacom</span>
<span class="open-date">2022-08-13</span><span class="open-
listen"><a href="#">免费试听</a></span></li>
            <li><span class="open-name">HCIP-Datacom</span>
<span class="open-date">2022-08-11</span><span class="open-
listen"><a href="#">免费试听</a></span></li>
            <li><span class="open-name">RHCE</span><span class=
"open-date">2022-08-08</span><span class="open-listen"><a href=
"#">免费试听</a></span></li>
            <li><span class="open-name">HCIA-Datacom(深圳)
</span><span class="open-date">2022-08-06</span><span class=
"open-listen"><a href="#">免费试听</a></span></li>
            <li><span class="open-name">HCIE-Cloud</span>
<span class="open-date">2022-08-06</span><span class="open-
listen"><a href="#">免费试听</a></span></li>
            <li><span class="open-name">CCNA</span><span class=
"open-date">2022-08-06</span><span class="open-listen"><a href=
"#">免费试听</a></span></li>
            <li><span class="open-name">HCIA-Datacom</span>
<span class="open-date">2022-08-01</span><span class="open-
listen"><a href="#">免费试听</a></span></li>
        </ol>
    </div>
    <div class="class-box">
        <h3><a href="#">在线班表</a></h3>
        <ol class="class-list">
```

```
        <li> <span class = "open - name">HCIE - Datacom <img src = "images/
index/hot - ico. png"> </span> <span class = "open - date">2022 - 08 - 31
</span> <span class = "open - listen"> <a href = "#">免费试听 </a> </span>
</li>
        <li> <span class = "open - name">CKA <img src = "images/in-
dex/hot - ico. png"> </span> <span class = "open - date">2022 - 08 - 30
</span> <span class = "open - listen"> <a href = "#">免费试听 </a> </span>
</li>
        <li> <span class = "open - name">RHCE <img src = "images/
index/hot - ico. png"> </span> <span class = "open - date">2022 - 08 - 29
</span> <span class = "open - listen"> <a href = "#">免费试听 </a> </span>
</li>
        <li> <span class = "open - name">19C OCP <img src = "ima-
ges/index/hot - ico. png"> </span> <span class = "open - date">2022 - 08 -
28 </span> <span class = "open - listen"> <a href = "#">免费试听 </a> </span>
</li>
        <li> <span class = "open - name">CCNP <img src = "images/
index/hot - ico. png"> </span> <span class = "open - date">2022 - 08 - 27
</span> <span class = "open - listen"> <a href = "#">免费试听 </a> </span>
</li>
        <li> <span class = "open - name">HCIA - Sec <img src = "ima-
ges/index/hot - ico. png"> </span> <span class = "open - date">2022 - 08 -
27 </span> <span class = "open - listen"> <a href = "#">免费试听 </a>
</span> </li>
        <li> <span class = "open - name">CL210 <img src = "images/
index/hot - ico. png"> </span> <span class = "open - date">2022 - 08 - 21
</span> <span class = "open - listen"> <a href = "#">免费试听 </a> </span>
</li>
        <li> <span class = "open - name">Mysql <img src = "images/
index/hot - ico. png"> </span> <span class = "open - date">2022 - 08 - 13
</span> <span class = "open - listen"> <a href = "#">免费试听 </a> </span>
</li>
        </ol>
    </div>
    <div class = "news - box">
    <h3> <a href = "#">腾科咨询 </a> </h3>
    <ul class = "news - list">
    <li> <a href = "#">Oracle 认证考试最新通知 </a> </li>
```

```
            <li><a href="#">华为认证 HCIE-Transmission 即将升级</a>
</li>
            <li><a href="#">广东 IT 高等教育院长俱乐部第十四次活动圆满
落幕</a></li>
            <li><a href="#">数字技能培训机构评审工作顺利开展</a>
</li>
            <li><a href="#">腾科 IT 教育双十二活动</a></li>
            <li><a href="#">腾科教育 8 月开班计划</a></li>
            <li><a href="#">2022 红帽挑战赛广东省区决赛圆满结束</a>
</li>
            <li><a href="#">腾科 IT 教育参加首届广东省产教融合大会,解读
政府政策</a></li>
          </ul>
        </div>
      </div>
    </section>
  </main>
  <!-- 主体区域结束,开始定义 footer 区 -->

  <footer class="footer">
    <div class="footer-main center">
     <div class="footer-top overflow">
      <nav class="footer-nav left">
        <dl>
          <dt><a href="about.html">关于我们</a></dt>
          <dd><a href="about.html#about">腾科简介</a></dd>
          <dd><a href="about.html#culture">腾科文化</a></dd>
          <dd><a href="#">腾科优势</a></dd>
          <dd><a href="#">品牌魅力</a></dd>
        </dl>
        <dl>
          <dt><a href="#">联系我们</a></dt>
          <dd><a href="#">诚聘英才</a></dd>
          <dd><a href="#">留言建议</a></dd>
          <dd><a href="#">常见问题</a></dd>
          <dd><a href="#">网站地图</a></dd>
        </dl>
        <dl>
          <dt><a href="#">最新文章</a></dt>
```

```
    < dd > < a href = "#" > 最新课程 </a > </dd >
    < dd > < a href = "#" > 最新资讯 </a > </dd >
  </dl >
</nav >
  < div class = "footer - kefu left" >
    < h4 > 客服热线 </h4 >
    < ul class = "left" >
      < li >020 - 38289118 </li >
      < li >QQ 咨询:450959328 </li >
      < li > 微信咨询:18922156670 </li >
    </ul >
    < img src = "images/service - code. png" class = "right" >
  </div >

  < div class = "footer - address right" >
    < h4 > 全国校区 </h4 >
    < ul >
      < li > 广州总校区:广州市天河区科韵路棠安路 188 号乐天大厦 2 楼整层
</li >
      < li > 深圳分校区:深圳市南山区南油第四工业区 2 栋 602 室 </li >
      < li > 其他城市校区为流动地址,请联系网站客服获取校区地址 </li >
    </ul >
  </div >
</div >
< p class = "copyright" >Copyright &copy;2018 -2021 广州腾科网络技
术有限公司 All rights reserved < a href = "http://beian. miit. gov. cn" > 粤 ICP
备 12042194 号 </a > </p >
  </div >
</footer >
</body >
</html >
```

以上代码可以在本书的课程资源中获取。

在定义结构的代码中,可以看到大量使用了 div 和 html 的结构标签,如 main、section、header、footer。通过这些结构标签,可以在代码中清晰地定义出网页里各个模块将要实现的功能。这样的代码不仅语义层次清晰,还方便日后的维护。

定义完 html 结构之后,网页部分效果如图 5 -3 -2（三个区域）所示。

从图 5 -3 -2 可以看出,虽然这时没有样式表,但每个区域的划分、内容的展现依然清晰明了。

步骤 2：CSS 样式表设计。

图 5 - 3 - 2

先进行样式重置，再进行整体样式设计（最先应用样式的标签，是最常用的一部分标签，标签的具体属性，如文字大小、颜色，都可以从标注图中获得）。

```
/* ------整体样式设计------*/
body{
    font-family:"Microsoft Yahei";
    font-size:14px;
    color:#333;
    background-color:#f5f5f5;
}
a{
    color:#333;
    text-decoration:none;
}
h2{
    font-size:20px;
}
```

```
h3{
  font-size:18px;
}
p{
  word-wrap:break-word;
}
```

接下来，再按照页面上 html 标签出现的先后顺序编写其他标签的样式。首先，通过页面分析不难看出，页面上有一些公共的属性，如块状居中、overflow:hidden、向某些方向浮动等。这些公共的属性可以抽离出来，写成公共类，需要使用的时候直接引用即可。

```
/*----- 公共类 ----- */
.left{
  float:left
}
.right{
  float:right
}
.overflow{
  overflow:hidden;
}
.center{
  width:1200px;
  margin:0 auto;
}
```

由于项目三已经分析过头部 header、banner 区域的代码，这里就不再罗列了。按照 html 标签的出现顺序，接下来进行 < main > < /main > 标签的样式设置。整个 main 标签区域都是块状居中的，所以直接规定 main 区域的样式。

```
.main{
  width:1200px;
  margin:0 auto;
  min-height:478px;
  background-color:#f5f5f5;
}
```

先看 banner 图下面的区域，如图 5 - 3 - 3 所示，称为按钮区，这部分使用 section 标记和 tg - group 类。

"校区总汇"这四个小按钮，功能相对独立，虽然和右边"品牌魅力"等大按钮并列，但是也可以专门给它设置一个类来完成四个小按钮这样的布局。按照标注图，每个列表都是边长为 156 px 的正方形。

图 5 - 3 - 3

```
.tg-group{
  margin-top:15px;
  text-align:center;
  height:156px;
}
/* 放四个小按钮的区域,每个小按钮都是一个 li 元素*/
.group-left{
  width:156px;
  height:100%;
  background:#fff url(../images/index/group-left-bg.gif)no-re-
peat no-repeat center;
  padding:10px;
  box-sizing:border-box;
}
.group-left li{
  float:left;
  width:50%;              /* 使用宽、高各50%的设置来放下四个小方块*/
  height:50%;
  box-sizing:border-box;
  background:url(../images/index/group-left1.png)no-repeat cen-
ter top;
}
.group-left li:nth-child(2){
  background-image:url(../images/index/group-left2.png);
}
.group-left li:nth-child(3){
  background-image:url(../images/index/group-left3.png);
}
.group-left li:nth-child(4){
  background-image:url(../images/index/group-left4.png);
}
.group-left li a{
```

```
    display:block;
    height:100%;
    padding - top:40px;
    box - sizing:border - box;
  }
```

右侧区域这排大按钮，按照标注图来看，文字离顶框的距离为 74 px，文字大小为 16 px。使用的素材图片大小为 60 px×60 px，不难算出，图片需要 14 px 的上边距。

```
  . group - right{
    height:100%;
  }
  . group - right li{
    float:left;
    width:156px;
    height:100%;
    background:#fff url(.. /images/index/group - right1. png)no - repeat
center 14px;
    margin - left:10px;
    text - align:center;
  }
  . group - right li{
    font - size:22px;
  }
  . group - right li a{
    display:block;
    height:100%;
    padding - top:90px;
    box - sizing:border - box;
  }
  . group - right li:nth - child(2){
    background - image:url(.. /images/index/group - right2. png);
  }
  . group - right li:nth - child(3){
    background - image:url(.. /images/index/group - right3. png);
  }
  . group - right li:nth - child(4){
    background - image:url(.. /images/index/group - right4. png);
  }
  . group - right li:nth - child(5){
```

```
    background-image:url(.. /images/index/group-right5.png);
  }
.group-right li:nth-child(6){
    background-image:url(.. /images/index/group-right6.png);
  }
```

完成了本区域的代码，进入课程体系区域，如图5-3-4所示。

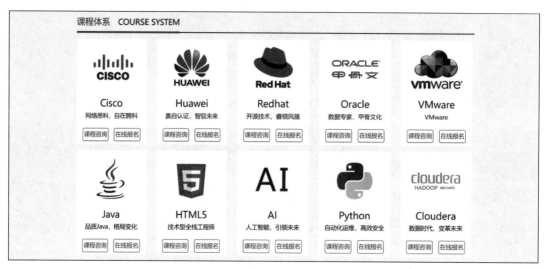

图5-3-4

这个区域与上一个区域存在较大的差别：一是标题区域有一条红黑色重叠的水平分割线；二是每个列表按钮下方都有两个小按钮链接。仍然按照标签出现的顺序来编写样式表。

```
/* 水平分割线的实现*/
.block-top{
    height:45px;
    border-bottom:2px solid #2e3340;
}
.block-top h2{
    line-height:43px;
    color:#e91b05;
    display:inline-block;
/* 对 h2 标签使用红色下边框,形成水平分割线的红色修饰*/
    border-bottom:4px solid #e91b05;
}
.block-top span{
    font-size:18px;
    color:#2e3340;
```

```
    margin - left:20px;
}
```

10 个课程体系，分为两行。具体的宽度、边距请参考上一个任务的标注图作业。

```
.course - content li{
  float:left;
  width:228px;
  height:270px;
  background - color:#fff;
  margin - top:15px;
  margin - right:15px;
  text - align:center;
}
.course - content li:nth - child(5n){
  margin - right:0px;   /* 最右边的元素,右边距归零*/
}
.course - content li h6{
  font - size:22px;
  margin - bottom:5px;
}
.course - content li img{
  width:150px;
  margin:15px auto 10px;
}
/* 下方的咨询、报名按钮*/
.course - a{
  display:inline - block;
  width:80px;
  height:28px;
  line - height:26px;
  border:1px solid #e91b05;
  color:#e91b05;
  border - radius:4px;
  margin:20px 10px 0px 10px;
}
```

再往下的O2O区域、动向区域整体布局方式和上述两个区域类似，这里就不赘述了，后面的技能训练中可以自行完成布置。再来看一下 footer 区域的布局，如图 5 – 3 – 5 所示。

根据效果图，footer 区域主要划分为 3 个模块：最左边的列表区，中间的联系方式，右边的校区地址。最下面一行是版权信息。仍按照先整体、后局部的方法，设定好整个 footer

图 5 - 3 - 5

区域的背景色、字体信息，再划分各个模块，如图 5 - 3 - 6 所示。

图 5 - 3 - 6

```
/* footer 区域开始*/
.footer{
  width:100%;
  min - width:1200px;
  background - color:#29333d;
  color:#888;
  margin - top:15px;
}
.footer - main{
  padding - top:30px;
  width:1200px;
}
.footer - main h4{
  color:#fff;
  font - weight:bold;
  line - height:32px;
}
.footer - main a{
  color:#888;
}
.footer - top{
  border - bottom:1px solid #888;
  padding - bottom:20px;
```

```
}
/* 左边栏部分*/
.footer-nav{
    width:300px;
}
.footer-nav dl{
    width:80px;
    float:left;
    margin-right:16px;
}
.footer-nav dt a{
    color:#fff;
    font-weight:bold;
    line-height:32px;
}
.footer-nav dd{
    line-height:32px;
}
/* 中间联系方式部分*/
.footer-kefu{
    width:340px;
    margin-left:60px;
}
.footer-kefu li{
    line-height:40px;
    background:url(../images/footer-tel.png)no-repeat left center;
    background-size:26px;
    padding-left:36px;
}
.footer-kefu li:nth-child(2){
    background-image:url(../images/footer-qq.png);
}
.footer-kefu li:nth-child(3){
    background-image:url(../images/footer-wx.png);
}
.footer-kefu img{
    width:120px;
}
/* 右侧地址部分*/
```

```
.footer-address{
    width:400px;
}
.footer-address li{
    line-height:32px;
}
/* 版权信息*/
.copyright{
    height:50px;
    line-height:50px;
    text-align:center;
}
```

知识拓展

网页有许多可供借鉴的经典布局方案。如果在网页设计阶段还没想好究竟要把网页设计成什么布局，可以考虑使用以下经典布局。

（1）边栏式

这是最常用、最简单的一种结构，左侧安放目录，右侧安放内容，多见于博客、新闻这种正文内容突出的网站，如图5-3-7所示。

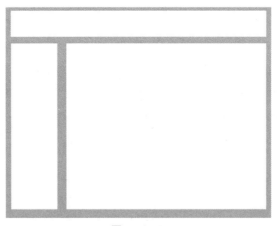

图5-3-7

（2）卡片式

一般用于有列表或者语义上有并列内容列举的页面，如视频网站，或图片展示网站。按照网页风格不同，有的卡片式网页排列整齐，便于翻阅；有的卡片则被设计成大小不一的形状，显得网站风格更艺术化，如图5-3-8所示。

（3）分屏式

对一些同时需要展示两种权重相近元素（一般是图片和内容）的页面，可以考虑使用分屏式，如图5-3-9所示。

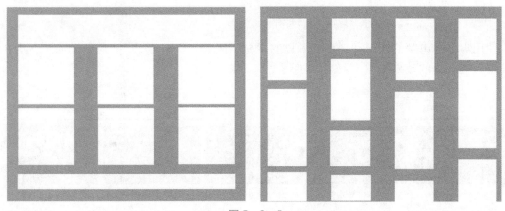

图 5 - 3 - 8

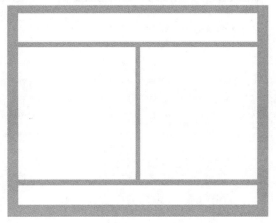

图 5 - 3 - 9

（4）凸显式

突出显示一些重点内容，如首页推荐类内容，如图 5 - 3 - 10 所示。

图 5 - 3 - 10

技能训练

使用本任务讲解的知识和课程资源里的素材，完成"O2O模式""腾科动向"部分的样式设置，完成后的效果如图5-3-11所示。

图5-3-11

提示：当文字过长时，自动用省略号代替的样式语法为：

`text-overflow:ellipsis;`

①先定好HTML代码的基本结构。

②相似模块的CSS代码可参照书上已有的代码来寻找思路。

③注意内外边距的设置，使网页更加美观。

课后测试

一、判断题

1. 进行网页布局时，为了使页面整齐，可以使用table标签进行布局。 （ ）

2. 为了使网页代码具有良好的可读性，应该多用具有含义的标签。 （ ）

3. 编写CSS的时候不用遵循具体顺序，能够实现网页的效果即可。 （ ）

二、实操题

使用HTML + CSS的方式实现一个简单的三列式网页布局，如图5-3-12所示。

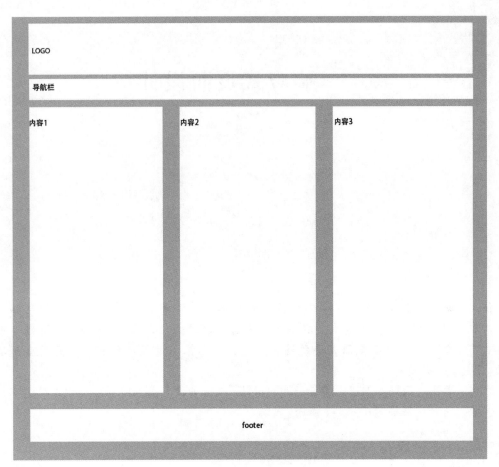

图 5 – 3 –12

项目六
响应式页面设计

任务6.1　使用媒体查询

💻 任务描述

使用@media媒体查询，可以针对不同的媒体类型和不同的屏幕尺寸（如电脑、平板、手机屏幕）定义不同的样式。特别是如果需要设计响应式的页面，@media媒体查询是非常有用的，在重置浏览器大小的过程中，页面会根据浏览器的宽度和高度重新渲染页面。

本任务要求对同一个HTML页面使用@media媒体查询，在不同屏幕尺寸下显示不同的效果，完成后的效果如图6-1-1所示。

💻 任务效果图

任务效果图如图6-1-1所示。

不同屏幕尺寸会显示不同的样式

最小宽度是495px时的样式

最小宽度是606px时的样式

最小宽度是817px时的样式

最小宽度是1132px时的样式

最小宽度是1215px时的样式

图6-1-1

以下是不同设备屏幕的尺寸：

● 超小设备（手机，600 px以下）。

● 小设备（平板电脑和大型手机，600 px及以上）。

- 中型设备（平板电脑，768 px 及以上）。
- 大型设备（笔记本电脑和台式机，992 px 及以上）。
- 超大型设备（大型笔记本电脑和台式机，1 200 px 及以上）。

能力目标

◇ 掌握@media 媒体查询的语法及使用方法；
◇ 掌握@media 针对不同的屏幕尺寸（如电脑、平板、手机屏幕）设置不同的样式；
◇ 掌握@media 原理以及@media 样式的使用场景。

知识引入

1. @media 媒体查询介绍

CSS3 的多媒体查询继承了 CSS2 多媒体类型的所有思想：取代了查找设备的类型，CSS3 根据设置自适应显示。

媒体查询可用于检测很多内容，例如：

- viewport（视窗）的宽度与高度。
- 设备的宽度与高度。
- 朝向（智能手机横屏、竖屏）。
- 分辨率。

2. @media 媒体查询语法

多媒体查询由多种媒体组成，可以包含一个或多个表达式，表达式根据条件是否成立返回 true 或 false。

```
@ media not |only 媒体类型 and(表达式){
    指定样式
}
```

如果指定的媒体类型匹配设备类型，则查询结果返回 true，文档会在匹配的设备上显示指定样式效果。

除非使用了 not 或 only 操作符，否则，指定的样式会应用在所有设备上。

- not：用来排除某些特定的设备，比如@ media not print（非打印设备）。
- only：用来定义某种特别的媒体类型。

也可以针对不同的宽度使用不同的样式文件：

```
<!--宽度大于900px 的屏幕使用该样式 -->
< link rel = "stylesheet" media = "screen and(min - width:900px)" href =
"widescreen. css">
<!--宽度小于或等于600px 的屏幕使用该样式 -->
< link rel = "stylesheet" media = "screen and(max - width:600px)" href =
"smallscreen. css">
```

3. @media 媒体查询简单实例

使用媒体查询可以在指定的设备上应用对应的样式替代原有的样式。

以下实例中，在屏幕可视窗口尺寸分别小于 480 px、大于 600 px、小于 600 px 的设备上设置指定的样式。

①在小于 480 px 的设备上修改背景颜色。

```
@media screen and(max-width:480px){
    body{
      background-color:lightgreen;
    }
}
```

②在大于 600 px 的设备上修改背景颜色。

```
@media screen and(min-width:600px){
    body{
      background-color:red;
    }
}
```

③小于 600 px 时，将 div 元素隐藏。

```
@media screen and(max-width:600px){
  div.example{
    display:none;
  }
}
```

💻 任务实现

步骤 1：建立 HTML 基本结构。

```
<!DOCTYPE html>
<html lang="en">
<head>
    <meta charset="UTF-8">
    <meta http-equiv="X-UA-Compatible" content="IE=edge">
    <meta name="viewport" content="width=device-width,initial-scale=1.0">
    <title>不同屏幕尺寸会显示不同的样式</title>
</head>
<body>
    <h2>不同屏幕尺寸会显示不同的样式</h2>
```

```
    <div class = "box1">最小宽度是 495px 时的样式 </div >
    <div class = "box2">最小宽度是 606px 时的样式 </div >
    <div class = "box3">最小宽度是 817px 时的样式 </div >
    <div class = "box4">最小宽度是 1132px 时的样式 </div >
    <div class = "box5">最小宽度是 1215px 时的样式 </div >
</body >
</html >
```

步骤 2：使用内嵌式样式表设置页面各元素的样式。

给每个盒子设置宽度、高度、行高等。

```
.box1,.box2,.box3,.box4,.box5{
    height:50px;
    line - height:50px;
    margin - top:30px;
    color:#fff;
}
.box1{
    width:495px;
}
.box2{
    width:606px;
}
.box3{
    width:817px;
}
.box4{
    width:1132px;
}
.box5{
    width:1215px;
}
```

步骤 3：使用媒体查询，给每个 div 结构添加媒体查询功能，当宽度分别大于 495 px、606 px、817 px、1 132 px、1 215 px 时，显示对应的样式颜色。

```
@media screen and(min - width:495px){
    .box1{
        background - color:red;
    }
}
@media screen and(min - width:606px){
```

```
    .box2{
        background-color:green;
    }
}
@media screen and(min-width:817px){
    .box3{
        background-color:blue;
    }
}
@media screen and(min-width:1132px){
    .box4{
        background-color:orange;
    }
}
@media screen and(min-width:1215px){
    .box5{
        background-color:pink;
    }
}
```

技能训练

使用本任务讲解的知识，实现图 6-1-2 所示的页面效果。要求当屏幕宽度变大到 300 px 时变成 red，当宽度变大到 400 px 时变成 green，当宽度变大到 500 px 时变成 blue，当宽度变大到 600 px 时变成 yellow，当宽度变大到 700 px 时变成 pink。

图 6-1-2

🖳 **关键步骤**

　　媒体查询要选择合适的属性，这里不能选择 max – width，否则，当大于这个数时，后面也将显示，所以选择 min – width。

```
@media screen and(min-width:300px){
    .box1{
        width:300px;
        height:300px;
        background-color:red;
    }
}
@media screen and(min-width:400px){
    .box1{
        width:400px;
        height:400px;
        background-color:green;
    }
}
@media screen and(min-width:500px){
    .box1{
        width:500px;
        height:500px;
        background-color:blue;
    }
}
@media screen and(min-width:600px){
    .box1{
        width:600px;
        height:600px;
        background-color:yellow;
    }
}
@media screen and(min-width:700px){
    .box1{
        width:700px;
        height:700px;
        background-color:pink;
```

```
        }
    }
```

课后测试

一、单选题

1. 在媒体查询中，不属于逻辑操作符的是（　　）。

A. and　　　　　　　　B. all　　　　　　　　C. only　　　　　　　　D. not

2. 在媒体查询中，使用 and 将多个媒体特性结合在一起，一个媒体查询中可以包含_____或_____表达式，表达式可以有_____或_____关键字，以及一种媒体类型。（　　）

A. 0，多个　0，多个　　　　　　　　B. 0，一个　0，一个

C. 0，一个　0，多个　　　　　　　　D. 0，多个　0，一个

3. not 用于否定媒体查询，当查询规则不为真时，返回 true，否则，返回 false。如果使用 not 操作符，则还必须指定（　　）。

A. 媒体类型　　　B. 媒体特性　　　C. 逻辑操作符　　　D. 媒体特征

二、判断题

1. 移动端优先意味着在设计桌面和其他设备时优先考虑移动端的设计。（　　）

2. CSS3 中的媒体查询扩展了 CSS2 媒体类型的概念：它们并不查找设备类型，而是关注设备的能力。（　　）

3. 媒体查询由一种媒体类型组成，并可包含一个或多个表达式，这些表达式可以解析为 true 或 false。（　　）

4. 媒体类型用来表示设备的类别，CSS 中提供了一些关键字来表示不同的媒体类型，如 all、print、screen、color。（　　）

5. 逻辑操作符包含 not、and 和 only 三个，通过逻辑操作符可以构建复杂的媒体查询，还可以通过逗号来分隔多个媒体查询，将它们组合为一个规则。（　　）

任务 6.2　使用弹性盒

任务描述

弹性盒子是 CSS3 的一种新的布局模式。CSS3 弹性盒（Flexible Box 或 Flexbox）是一种当页面需要适应不同的屏幕大小以及设备类型时，确保元素拥有恰当的行为的布局方式。

引入弹性盒布局模型的目的是提供一种更加有效的方式来对一个容器中的子元素进行排列、对齐和分配空白空间。

本任务要求对同一个 HTML 页面使用弹性盒和@media 媒体查询，在不同屏幕尺寸下显示不同的布局效果，完成后的效果如图 6-1-1 所示。

任务效果图

①当宽度小于 600 px 时，页面显示效果如图 6 - 2 - 1 所示。

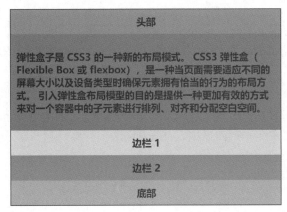

图 6 - 2 - 1

②当宽度大于 600 px 同时小于 800 px 时，页面显示效果如图 6 - 2 - 2 所示。

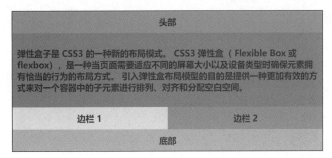

图 6 - 2 - 2

③当宽度大于 800 px 时，页面显示效果如图 6 - 2 - 3 所示。

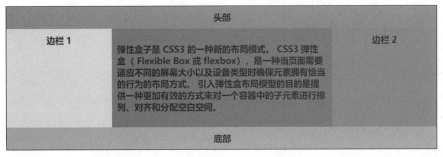

图 6 - 2 - 3

能力目标

◇ 掌握弹性盒子的组成。

◇ 掌握弹性盒子的常用属性。

知识引入

1. 弹性盒子介绍

弹性盒子由弹性容器（Flex container）和弹性子元素（Flex item）组成。

弹性容器通过设置 display 属性的值为 flex 或 inline – flex 将其定义为弹性容器。

弹性容器内包含了一个或多个弹性子元素。

注意：弹性容器外及弹性子元素内是正常渲染的。弹性盒子只定义了弹性子元素如何在弹性容器内布局。弹性子元素通常在弹性盒子内一行显示。默认情况每个容器只有一行。以下元素展示了弹性子元素在一行内显示，从左到右。

例 6.2.1：弹性盒子实例。

```
<!doctype html >
<html >
<head >
    <meta charset = "uft – 8">
    <title >弹性盒子实例 </title >
    <style >
        .flex – container{
            display:flex;
            width:400px;
            height:250px;
            background – color:lightgrey;
        }
        .flex – item{
            background – color:cornflowerblue;
            width:100px;
            height:100px;
            margin:5px;
        }
    </style >
</head >
<body >
    <div class = "flex – container">
        <div class = "flex – item">flex item 1 </div >
        <div class = "flex – item">flex item 2 </div >
        <div class = "flex – item">flex item 3 </div >
    </div >
```

```
</body >
</html >
```

弹性盒子实例效果如图 6 - 2 - 4 所示。

2. flex - direction 属性

flex - direction 属性指定了弹性子元素在父容器中的位置。

语法

```
flex - direction:row |row - reverse
|column |column - reverse
```

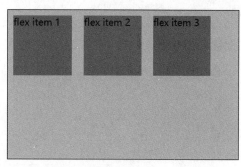

图 6 - 2 - 4

flex - direction 的值有:

- row:横向从左到右排列(左对齐),这是默认的排列方式。
- row - reverse:反转横向排列(右对齐),从后往前排,最后一项排在最前面。
- column:纵向排列。
- column - reverse:反转纵向排列,从后往前排,最后一项排在最上面。

例 6.2.2:flex - direction 属性。

```
<!doctype html >
<html >
<head >
    <meta charset = "uft - 8" >
    <title > flex - direction 属性 - 弹性盒子纵向排列 </title >
    <style >
        .flex - container{
            display:flex;
            flex - direction:column;
            width:400px;
            height:250px;
            background - color:lightgrey;
        }
        .flex - item{
            background - color:cornflowerblue;
            width:100px;
            height:100px;
            margin:5px;
        }
    </style >
</head >
<body >
```

```
    < div class = "flex - container">
        < div class = "flex - item"> flex item 1 </div >
        < div class = "flex - item"> flex item 2 </div >
        < div class = "flex - item"> flex item 3 </div >
    </div >
</body >
</html >
```

当 flex – direction 属性取值为 column 时，弹性盒子会纵向排列，页面运行效果如图 6 – 2 – 5 所示。

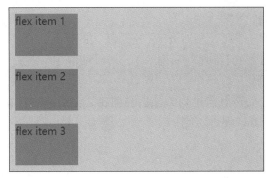

图 6 – 2 – 5

3. justify – content 属性

内容对齐（justify – content）属性应用在弹性容器上，把弹性项沿着弹性容器的主轴线（main axis）对齐。

justify – content 语法如下：

```
justify - content:flex - start |flex - end |center |space - between |space - a-round
```

各个值解析：
- flex – start：

弹性项目向行首紧挨着填充。这个是默认值。
- flex – end：

弹性项目向行尾紧挨着填充。
- center：

弹性项目居中紧挨着填充（如果剩余的自由空间是负的，则弹性项目将在两个方向上同时溢出）。
- space – between：

弹性项目平均分布在该行上。如果剩余空间为负或者只有一个弹性项，则该值等同于 flex – start；否则，第 1 个弹性项的外边距和行的 main – start 边线对齐，而最后 1 个弹性项的外边距和行的 main – end 边线对齐，然后剩余的弹性项分布在该行上，相邻项目的间隔相等。

- space – around：

弹性项目平均分布在该行上，两边留有一半的间隔空间。如果剩余空间为负或者只有一个弹性项，则该值等同于 center；否则，弹性项目沿该行分布，并且彼此间隔相等（比如是 20 px），同时，首尾两边和弹性容器之间留有一半的间隔($1/2 \times 20$ px = 10 px)。

例 6.2.3：justify – content 属性。

```html
<!doctype html >
<html >
<head >
    <meta charset = "uft - 8">
    <title >justify - content 属性 - center 的使用 </title >
    <style >
        .flex - container{
            display:flex;
            justify - content:center;
            width:400px;
            height:250px;
            background - color:lightgrey;
        }
        .flex - item{
            background - color:cornflowerblue;
            width:100px;
            height:100px;
            margin:5px;
        }
    </style >
</head >
<body >
    <div class = "flex - container">
        <div class = "flex - item">flex item 1 </div >
        <div class = "flex - item">flex item 2 </div >
        <div class = "flex - item">flex item 3 </div >
    </div >
</body >
</html >
```

当 justify – content 属性取值为 center 时，弹性盒子元素将居中对齐，页面运行效果如图 6 – 2 – 6 所示。

4. flex – wrap 属性

flex – wrap 属性用于指定弹性盒子的子元素换行方式。

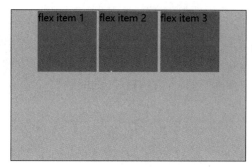

图 6-2-6

语法

flex-wrap:nowrap |wrap |wrap-reverse |initial |inherit;

各个值解析:

● nowrap,默认,弹性容器为单行。该情况下,弹性子项可能会溢出容器。

● wrap,弹性容器为多行。该情况下,弹性子项溢出的部分会被放置到新行,子项内部会发生断行

● wrap-reverse,反转 wrap 排列。

例 6.2.4:flex-wrap 属性。

```
<!DOCTYPE html >
<html >
<head >
<meta charset = "utf-8">
<title >flex-wrap 属性-wrap 的使用 </title >
<style >
.flex-container{
    display:flex;
    flex-wrap:wrap
    width:300px;
    height:250px;
    background-color:lightgrey;
}
.flex-item{
    background-color:cornflowerblue;
    width:100px;
    height:100px;
    margin:5px;
}
</style >
```

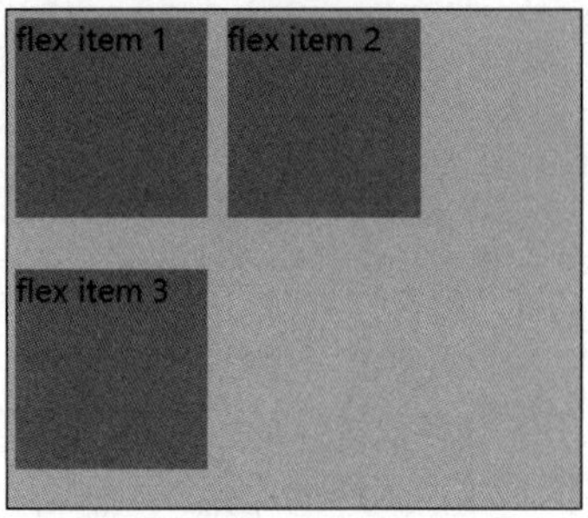

```
</head>
<body>
<div class = "flex - container">
  <div class = "flex - item">flex item 1 </div>
  <div class = "flex - item">flex item 2 </div>
  <div class = "flex - item">flex item 3 </div>
</div>
</body>
</html>
```

当 flex – wrap 属性取值为 wrap 时，弹性盒子元素会换行，页面运行效果如图 6 – 2 – 7 所示。

5. align – content 属性

align – content 属性用于修改 flex – wrap 属性的行为。类似于 align – items，但它不是设置弹性子元素的对齐，而是设置各个行的对齐。

语法

图 6 – 2 – 7

```
align - content:flex - start |flex - end |cen-
ter |space - between |space - around |stretch
```

各个值解析：

- stretch，默认。各行将会伸展，以占用剩余的空间。
- flex – start，各行向弹性盒容器的起始位置堆叠。
- flex – end，各行向弹性盒容器的结束位置堆叠。
- center，各行向弹性盒容器的中间位置堆叠。
- space – between，各行在弹性盒容器中平均分布。
- space – around，各行在弹性盒容器中平均分布，两端保留子元素与子元素之间间距大小的一半。

例 6.2.5：align – content 属性。

```
<!DOCTYPE html >
<html >
<head >
<meta charset = "utf -8">
<title >align - content 属性 </title >
<style >
. flex - container{
    display:flex;
    flex - wrap:wrap;
    align - content:center;
```

```
        width:300px;
        height:300px;
        background - color:lightgrey;
    }
    .flex - item{
        background - color:cornflowerblue;
        width:100px;
        height:100px;
        margin:5px;
    }
    </style >
    </head >
    <body >
    < div class = "flex - container">
      < div class = "flex - item"> flex item 1 </div >
      < div class = "flex - item"> flex item 2 </div >
      < div class = "flex - item"> flex item 3 </div >
    </div >
    </body >
    </html >
```

当 align - content 属性取值为 center 时, 页面运行效果如图 6 - 2 - 8 所示。

6. order 属性

语法格式:

```
order: < integer >
```

< integer >: 用整数值来定义排列顺序, 数值小的排在前面。可以为负值。

例 6.2.6: order 属性。

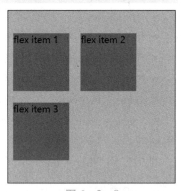

图 6 - 2 - 8

```
    <! DOCTYPE html >
    < html >
    < head >
    < meta charset = "utf - 8">
    < title > 弹性盒子排序 </title >
    < style >
    .flex - container{
        display:flex;
        width:400px;
```

```
        height:250px;
        background - color:lightgrey;
    }
    .flex - item{
        background - color:cornflowerblue;
        width:100px;
        height:100px;
        margin:5px;
    }
    .first{
        order: - 1;
    }
    </style >
    </head >
    < body >
    < div class = "flex - container">
      < div class = "flex - item">flex item 1 </div >
      < div class = "flex - item first">flex item 2 </div >
      < div class = "flex - item">flex item 3 </div >
    </div >
    </body >
    </html >
```

弹性容器 order 属性效果如图 6 – 2 – 9 所示。

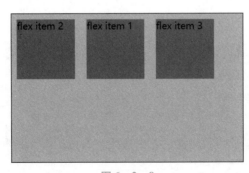

图 6 – 2 – 9

任务实现

步骤 1：建立页面的 HTML 结构。

```
<!DOCTYPE html >
< html >
```

```
<head>
 <meta charset="utf-8">
<style>
</style>
</head>
<body>
<div class="flex-container">
    <header class="header">头部</header>
    <article class="main">
```

<p>弹性盒子是 CSS3 的一种新的布局模式。CSS3 弹性盒(Flexible Box 或 Flexbox)是一种当页面需要适应不同的屏幕大小以及设备类型时,确保元素拥有恰当的行为的布局方式。引入弹性盒布局模型的目的是提供一种更加有效的方式来对一个容器中的子元素进行排列、对齐和分配空白空间。</p>

```
    </article>
    <aside class="aside aside1">边栏 1</aside>
    <aside class="aside aside2">边栏 2</aside>
    <footer class="footer">底部</footer>
</div>
</body>
</html>
```

步骤 2:设置 CSS 样式。

①在 style 内给 flex-container 类设置弹性布局,设置弹性盒的方向,设置必要时换行、文字加粗和居中。

```
.flex-container{
    display:flex;
    flex-flow:row wrap;
    font-weight:bold;
    text-align:center;
}
```

②给 flex-container 盒子的子元素设置内边距,设置扩展比例和初始长度。

```
.flex-container>* {
    padding:10px;
    flex:1 100%;
}
```

③给 main 类设置文字居左和背景颜色。

```
.main{
    text-align:left;
```

```
      background:cornflowerblue;
  }
```

④分别给 header、footer、aside1、aside2 类设置背景颜色。

```
.header{background:coral;}
.footer{background:lightgreen;}
.aside1{background:moccasin;}
.aside2{background:violet;}
```

步骤 3：使用媒体查询。

①当宽度大于 600 px 时，给 aside 类设置扩展比例和初始长度自适应。

```
@media all and(min-width:600px){
    .aside{flex:1 auto;}
}
```

②当宽度大于 800 px 时，给 main 类设置扩展比例和初始长度 0，分别给 aside1、main、aside2、footer 类设置排列顺序。

```
@media all and(min-width:800px){
    .main{flex:3 0px;}
    .aside1{order:1;}
    .main{order:2;}
    .aside2{order:3;}
    .footer{order:4;}
}
```

📖 知识拓展

CSS3 弹性盒子的常用属性见表 6 - 2 - 1。

表 6 - 2 - 1

属性	描述
display	指定 HTML 元素盒子类型
flex - direction	指定弹性容器中子元素的排列方式
justify - content	设置弹性盒子元素在主轴（横轴）方向上的对齐方式
align - items	设置弹性盒子元素在侧轴（纵轴）方向上的对齐方式
flex - wrap	设置弹性盒子的子元素超出父容器时是否换行
align - content	修改 flex - wrap 属性的行为，类似于 align - items，但不是设置子元素对齐，而是设置行对齐
flex - flow	flex - direction 和 flex - wrap 的简写

续表

属性	描述
order	设置弹性盒子的子元素排列顺序
align – self	在弹性子元素上使用。覆盖容器的 align – items 属性
flex	设置弹性盒子的子元素如何分配空间

技能训练

使用本任务讲解的知识，实现图 6 – 2 – 10 所示的导航菜单。

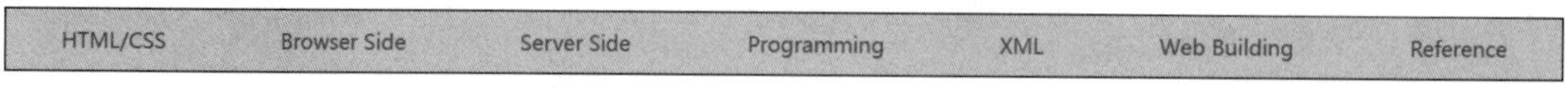

| HTML/CSS | Browser Side | Server Side | Programming | XML | Web Building | Reference |

图 6 – 2 – 10

关键步骤

①在弹性盒子中使用 text – align:center 让文字居中是无效的，必须使用 justify – content：center；。

②样式中很多的默认样式要清除，这些样式会干扰布局。

```
<!DOCTYPE html >
<html lang ="en">
<head >
    <meta charset ="UTF -8">
    <meta http -equiv ="X -UA -Compatible" content ="IE =edge">
    <meta name ="viewport" content ="width =device -width,initial -
scale =1.0">
    <title >Document </title >
    <style >
        .box1{
            width:100%;
            height:48px;
        }
        .navigation{
            display:flex;
            margin:0 auto;
            width:1210px;
            line -height:48px;
            background -color:#e8e7e3;
            justify -content:space -around;
```

```
        }
        ul{
            margin:0;
            padding:0;
        }
        ul li{
            display:flex;
            flex - grow:1;
            justify - content:center;
            list - style - type:none;
        }
        ul li a{
            text - decoration:none;
            color:#aaa9a7;
        }
        li:hover{
            background - color:#000;
        }
    </style >
</head >
<body >
    < div class = "box1" >
        < ul class = "navigation" >
            <li > < a href = "#" >HTML/CSS </a > </li >
            <li > < a href = "#" >Browser Side </a > </li >
            <li > < a href = "#" >Server Side </a > </li >
            <li > < a href = "#" >Programming </a > </li >
            <li > < a href = "#" >XML </a > </li >
            <li > < a href = "#" >Web Building </a > </li >
            <li > < a href = "#" >Reference </a > </li >
        </ul >
    </div >
</body >
</html >
```

课后测试

一、单选题

1. 下面属性不是应用在父容器的是（　　　）。

A. align - items　　B. align - content　　C. align - self　　D. flex - direction

2. 下面属性不是应用在子元素的是（　　）。

A. flex - grow　　B. flex - shrink　　C. flex - basis　　D. flex - start

二、判断题

1. 弹性容器中的所有子元素称为 < 弹性元素 >，弹性元素永远沿主轴排列。　　（　　）

2. flex 布局以后，子元素的 float、clear 和 vertical - align 属性将失效。　　（　　）

3. 弹性容器通过设置 display 属性的值为 flex 或 inline - flex 将其定义为弹性容器。

（　　）

4. flex 布局可以用简单的方式满足很多常见的复杂的布局需求。它的优势在于开发人员只是声明布局应该具有的行为，还需要给出具体的实现方式。　　（　　）

5. flex - wrap 指定 flex 元素是单行显示还是多行显示。如果允许换行，这个属性允许控制行的堆叠方向。它的默认值是 nowrap，默认是允许换行显示。　　（　　）

任务 6.3　使用 Bootstrap 框架

📋 任务描述

Bootstrap 是全球最受欢迎的前端组件库，用于开发响应式布局、移动设备优先的 Web 项目。本任务要求使用 Bootstrap 框架快速建立一个响应式页面，在不同屏幕尺寸下的显示效果如图 6 - 3 - 1 和图 6 - 3 - 2 所示。

📋 任务效果图

任务效果图如图 6 - 3 - 1 和图 6 - 3 - 2 所示。

📋 能力目标

◇ 掌握 Bootstrap 全局样式；

◇ 掌握 Bootstrap 组件；

◇ 能够使用 Bootstrap 样式与组件快速建立自己的网站。

📋 知识引入

1. Bootstrap 介绍

Bootstrap 是一个用于快速开发 Web 应用程序和网站的前端框架。Bootstrap 是基于 HT-ML、CSS、JavaScript 的。

那么为什么要使用 Bootstrap 呢？因为它有以下优点：

- 移动设备优先：自 Bootstrap 3 起，框架包含了贯穿于整个库的移动设备优先的样式。
- 浏览器支持：所有的主流浏览器都支持 Bootstrap。
- 容易上手：只要具备 HTML 和 CSS 的基础知识，就可以开始学习 Bootstrap。

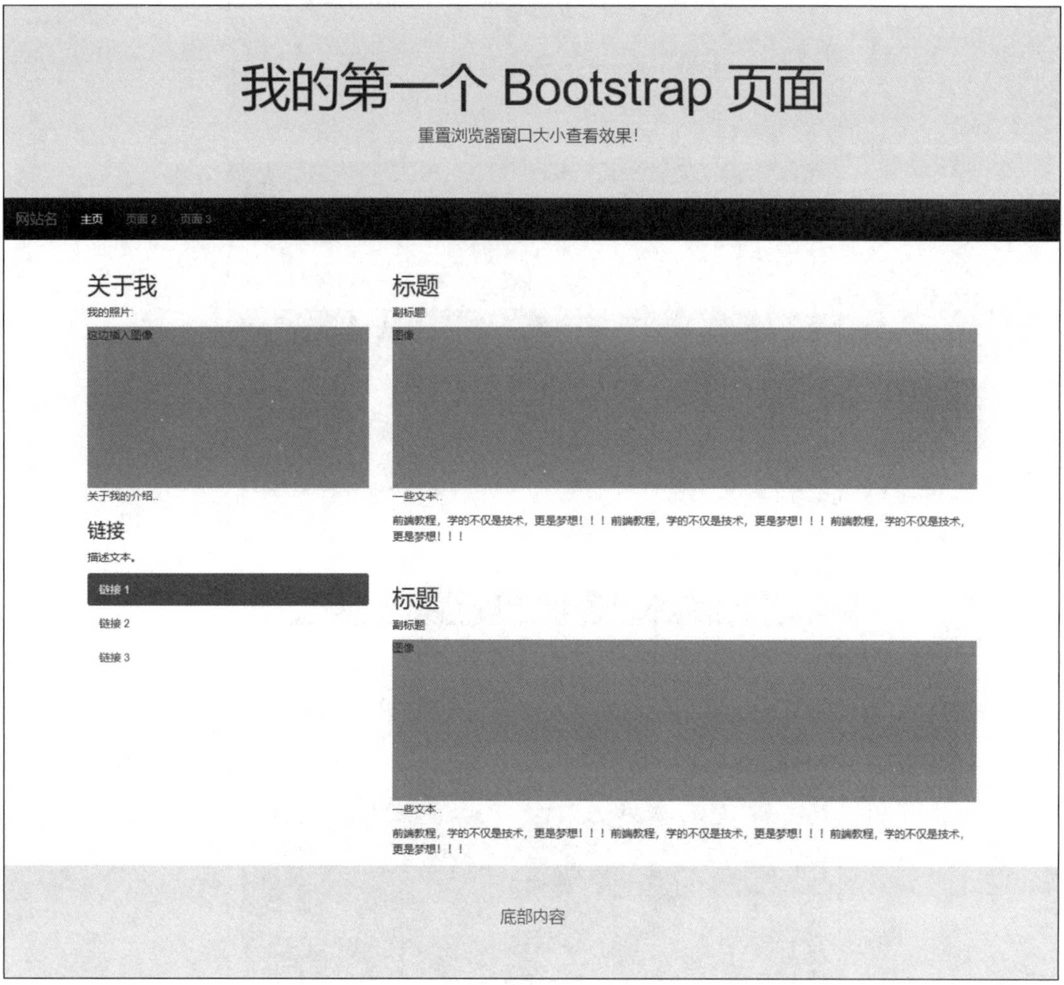

图 6－3－1

- 响应式设计：Bootstrap 的响应式 CSS 能够自适应于台式机、平板电脑和手机。
- 它为开发人员创建接口提供了一个简洁、统一的解决方案。
- 它包含了功能强大的内置组件，易于定制。
- 它还提供了基于 Web 的定制。
- 它是开源的。

2. Bootstrap 的环境搭建

（1）下载预编译文件

打开 Bootstrap 官网（https://getbootstrap.com/），单击"All releases"链接，可以看到 Bootstrap 的所有版本，如图 6－3－3 所示。

单击需要的版本链接，下载经过编译的 CSS 和 JS，这样可以直接在项目中使用。

（2）使用 CDN 加载

国内推荐使用 Staticfile CDN 上的库：

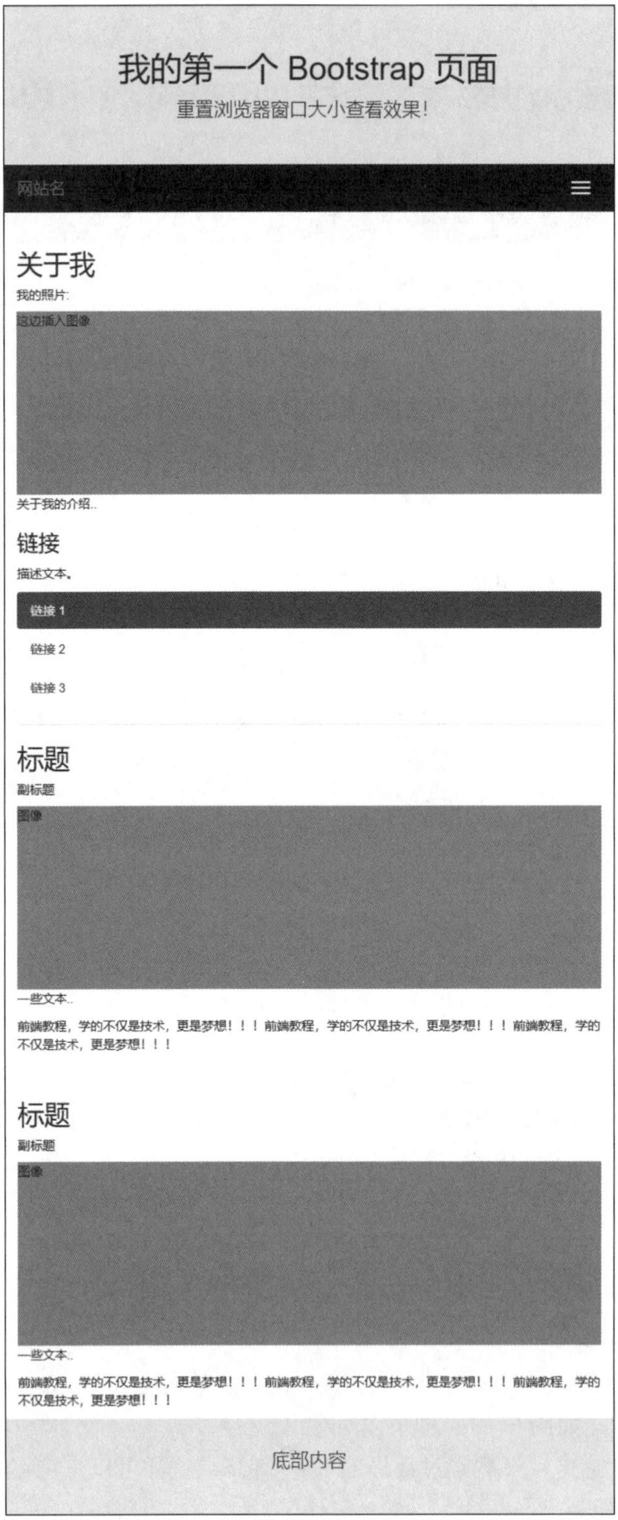

我的第一个 Bootstrap 页面

重置浏览器窗口大小查看效果!

网站名

关于我

我的照片:

这边插入图像

关于我的介绍..

链接

描述文本.

链接 1

链接 2

链接 3

标题

副标题

图像

一些文本..

前端教程,学的不仅是技术,更是梦想!!!前端教程,学的不仅是技术,更是梦想!!!前端教程,学的不仅是技术,更是梦想!!!

标题

副标题

图像

一些文本..

前端教程,学的不仅是技术,更是梦想!!!前端教程,学的不仅是技术,更是梦想!!!前端教程,学的不仅是技术,更是梦想!!!

底部内容

图 6 - 3 - 2

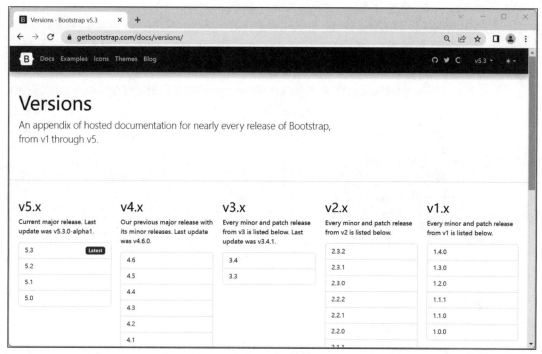

图 6-3-3

```
<!-- Bootstrap 核心 CSS 文件 -->
<link href = "https://cdn. staticfile. org/twitter - bootstrap/3. 3. 7/
css/bootstrap. min. css" rel = "stylesheet">


<!--jQuery 文件。务必在 bootstrap. min. js 之前引入 -->
<script src = "https://cdn. staticfile. org/jquery/2. 1. 1/jquery. min. js">
</script>


<!--Bootstrap 核心 JavaScript 文件 -->
<script src = "https://cdn. staticfile. org/twitter - bootstrap/3. 3. 7/
js/bootstrap. min. js"> </script>
```

接下来的案例都使用 CDN 加载的方式。

（3）Bootstrap 基本模板

下例实现了一个最简单的 Bootstrap 页面。

例 6.3.1：在线尝试 Bootstrap 实例。

```
<!DOCTYPE html>
<html>
<head>
    <meta charset = "utf -8">
```

```
<title>在线尝试 Bootstrap 实例</title>
<meta http-equiv="X-UA-Compatible" content="IE=edge">
<meta name="viewport" content="width=device-width,initial-
scale=1">
<link rel="stylesheet" href="https://cdn.staticfile.org/twit-
ter-bootstrap/3.3.7/css/bootstrap.min.css">
<script src="https://cdn.staticfile.org/jquery/2.1.1/jquery.
min.js"></script>
<script src="https://cdn.staticfile.org/twitter-bootstrap/
3.3.7/js/bootstrap.min.js"></script>
</head>
<body>
    <h1>Hello,world! </h1>
</body>
</html>
```

3. Bootstrap 的栅格系统

Bootstrap 提供了一套响应式、移动设备优先的流式网格系统，随着屏幕或视口（view-port）尺寸的增加，系统会自动分为最多 12 列。

也可以根据自己的需要定义列数，如图 6 - 3 - 4 所示。

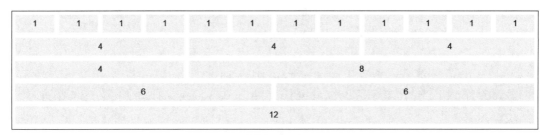

图 6 - 3 - 4

Bootstrap 的网格系统是响应式的，列会根据屏幕大小自动重新排列。

（1）网格类

Bootstrap 网格系统有以下 5 个类：

◇ col，针对所有设备。

◇ col - sm，针对平板，屏幕宽度等于或大于 576 px。

◇ col - md，针对桌面显示器，屏幕宽度等于或大于 768 px。

◇ col - lg，针对大桌面显示器，屏幕宽度等于或大于 992 px。

◇ col - xl，针对超大桌面显示器，屏幕宽度等于或大于 1 200 px。

（2）网格系统规则

Bootstrap 网格系统规则：

◇ 网格每一行需要放在设置了 .container（固定宽度）或 .container - fluid（全屏宽度）

类的容器中，这样就可以自动设置一些外边距与内边距。

◇ 使用行来创建水平的列组。

◇ 内容需要放置在列中，并且只有列可以是行的直接子节点。

◇ 预定义的类如 . row 和 . col－sm－4 可用于快速制作网格布局。

◇ 列通过填充来创建列内容之间的间隙。这个间隙是通过 . rows 类上的负边距设置第一行和最后一列的偏移。

◇ 网格列通过跨越指定的 12 个列来创建。例如，设置三个相等的列，需要使用三个 . col－sm－4 来设置。

◇ Bootstrap 3 和 Bootstrap 4 最大的区别在于 Bootstrap 4 现在使用 Flexbox（弹性盒子）而不是浮动。Flexbox 的一大优势是，没有指定宽度的网格列将自动设置为等宽与等高列。

表 6－3－1 总结了 Bootstrap 网格系统如何在不同的设备上工作。

表 6－3－1

规则	超小设备 <576 px	平板 ≥576 px	桌面显示器 ≥768 px	大桌面显示器 ≥992 px	超大桌面显示器 ≥1 200 px
容器最大宽度	None（auto）	540 px	720 px	960 px	1 140 px
类前缀	.col-	.col-sm-	.col-md-	.col-lg-	.col-xl-
列数量和	12				
间隙宽度	30 px（一个列的每边分别为 15 px）				
可嵌套	Yes				
列排序	Yes				

以下各个类可以一起使用，从而创建更灵活的页面布局。

例 6.3.2：网格系统的应用案例。

```
<!DOCTYPE html >
<html >
<head >
    <title >网格系统的应用案例</title >
    <meta charset ="utf -8">
    <meta name ="viewport" content ="width =device - width,initial -
scale =1">
    <link rel ="stylesheet" href ="https://cdn. staticfile. org/twit-
ter -bootstrap/3.3.7/css/bootstrap. min. css">
    < script  src  = " https://cdn. staticfile. org/jquery/3. 2. 1/
jquery. min. js"> </script >
    < script src ="https://cdn. staticfile. org/popper. js/1. 15. 0/umd/
popper. min. js"> </script >
    < script src ="https://cdn. staticfile. org/twitter - bootstrap/
3. 3. 7/js/bootstrap. min. js"> </script >
```

```html
</head>

<body>
<div class="jumbotron text-center">
    <h1>我的第一个Bootstrap页面</h1>
    <p>重置浏览器大小查看效果！</p>
</div>
<div class="container">
  <div class="row">
    <div class="col-sm-4">
      <h3>第一列</h3>
      <p>请调整浏览器尺寸再观察变化</p>
      <p>学的不仅是技术,更是梦想!!!</p>
    </div>
    <div class="col-sm-4">
      <h3>第二列</h3>
      <p>请调整浏览器尺寸再观察变化</p>
      <p>学的不仅是技术,更是梦想!!!</p>
    </div>
    <div class="col-sm-4">
      <h3>第三列</h3>
      <p>请调整浏览器尺寸再观察变化</p>
      <p>学的不仅是技术,更是梦想!!!</p>
    </div>
  </div>
</div>
</body>
</html>
```

网格系统的应用案例效果如图6-3-5所示。

4. Bootstrap的按钮

任何使用btn类的元素都会继承圆角灰色按钮的默认外观,但是Bootstrap提供了一些选项来定义按钮的样式,具体见表6-3-2,这些样式可用于<a>、<button>或<input>元素。

表6-3-2

类	描述
.btn	为按钮添加基本样式
.btn-default	默认/标准按钮

续表

类	描述
. btn－primary	原始按钮样式（未被操作）
. btn－success	表示成功的动作
. btn－info	该样式可用于要弹出信息的按钮
. btn－warning	表示需要谨慎操作的按钮
. btn－danger	表示一个危险动作的按钮操作
. btn－link	让按钮看起来像个链接（仍然保留按钮行为）
. btn－lg	制作一个大按钮
. btn－sm	制作一个小按钮
. btn－xs	制作一个超小按钮
. btn－block	块级按钮（拉伸至父元素100%的宽度）
. active	按钮被单击
. disabled	禁用按钮

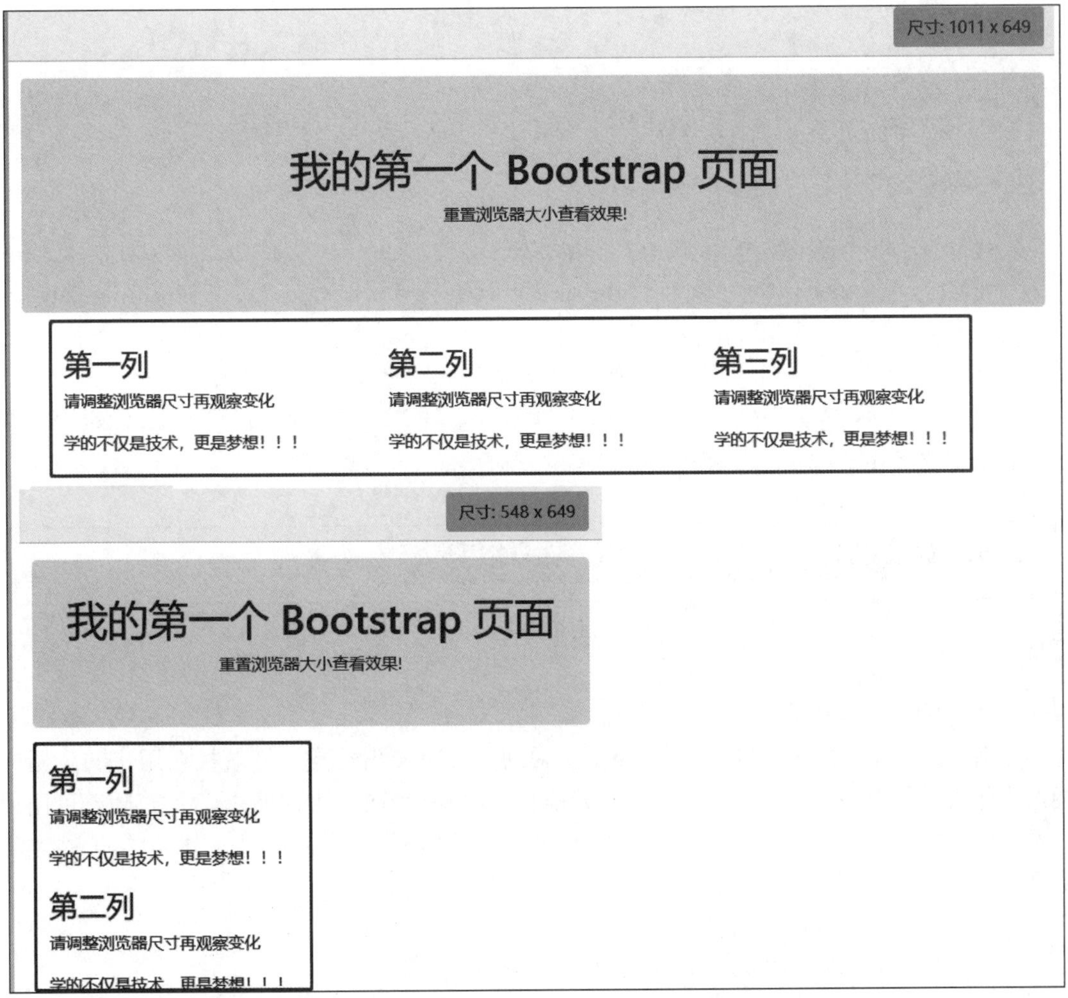

图 6－3－5

例 6.3.3：Bootstrap 按钮案例。

```
<!--标准的按钮-->
<button type="button" class="btn btn-default">默认按钮</button>

<!--提供额外的视觉效果,标识一组按钮中的原始动作-->
<button type="button" class="btn btn-primary">原始按钮</button>

<!--表示一个成功的或积极的动作-->
<button type="button" class="btn btn-success">成功按钮</button>

<!--信息警告消息的上下文按钮-->
<button type="button" class="btn btn-info">信息按钮</button>

<!--表示应谨慎采取的动作-->
<button type="button" class="btn btn-warning">警告按钮</button>

<!--表示一个危险的或潜在的负面动作-->
<button type="button" class="btn btn-danger">危险按钮</button>

<!--并不强调是一个按钮,看起来像一个链接,但同时保持按钮的行为-->
<button type="button" class="btn btn-link">链接按钮</button>
```

页面显示效果如图 6-3-6 所示。

图 6-3-6

5. Bootstrap 的导航栏

导航栏是一个很好的功能，是 Bootstrap 网站的一个突出特点。导航栏在用户的应用或网站中作为导航页头的响应式基础组件。导航栏在移动设备的视图中是折叠的，随着可用视口宽度的增加，导航栏也会水平展开。在 Bootstrap 导航栏的核心中，导航栏包括了站点名称和基本的导航定义样式。

创建一个默认的导航栏的步骤如下：
- 向 <nav> 标签添加 navbar 和 navbar-default 类。
- 向上面的元素添加 role="navigation"，有助于增加可访问性。

- 向 < div > 元素添加一个标题 navbar – header 类，内部包含了带有 navbar – brand 类的 < a > 元素。这会让文本看起来更大一号。
- 为了向导航栏添加链接，只需要简单地添加带有 nav 和 navbar – nav 类的无序列表即可。

下面的实例演示了这点：

例 6.3.4：Bootstrap 实例——公司主页。

```
<!DOCTYPE html >
<html >
<head >
<meta charset = "utf - 8">
<title >Bootstrap 实例 - 公司主页</title >
<link rel = "stylesheet" href = "https://cdn. staticfile. org/twitter -
bootstrap/3. 3. 7/css/bootstrap. min. css">
<script src = "https://cdn. staticfile. org/jquery/2. 1. 1/jquery. min.
js"> </script >
<script src = "https://cdn. staticfile. org/twitter - bootstrap/3. 3. 7/
js/bootstrap. min. js"> </script >
</head >
<body >

<nav class = "navbar navbar - default" role = "navigation">
<div class = "container - fluid">
<div class = "navbar - header">
<a class = "navbar - brand" href = "#">网站名称</a>
</div >
<div >
<ul class = "nav navbar - nav">
<li class = "active"> <a href = "#">首页</a> </li >
<li > <a href = "#">公司介绍</a> </li >
<li > <a href = "#">产品介绍</a> </li >
<li > <a href = "#">成功案例</a> </li >
<li class = "dropdown">
<a href = "#" class = "dropdown - toggle" data - toggle = "dropdown">
关于我们
<b class = "caret"> </b>
</a >
<ul class = "dropdown - menu">
<li > <a href = "#">招聘信息</a> </li >
<li > <a href = "#">公司地址</a> </li >
```

```
<li > <a href ="#">联系方式 </a > </li >
</ul >
</li >
</ul >
</div >
</div >
</nav >
</body >
</html >
```

页面运行效果如图 6 – 3 – 7 所示。

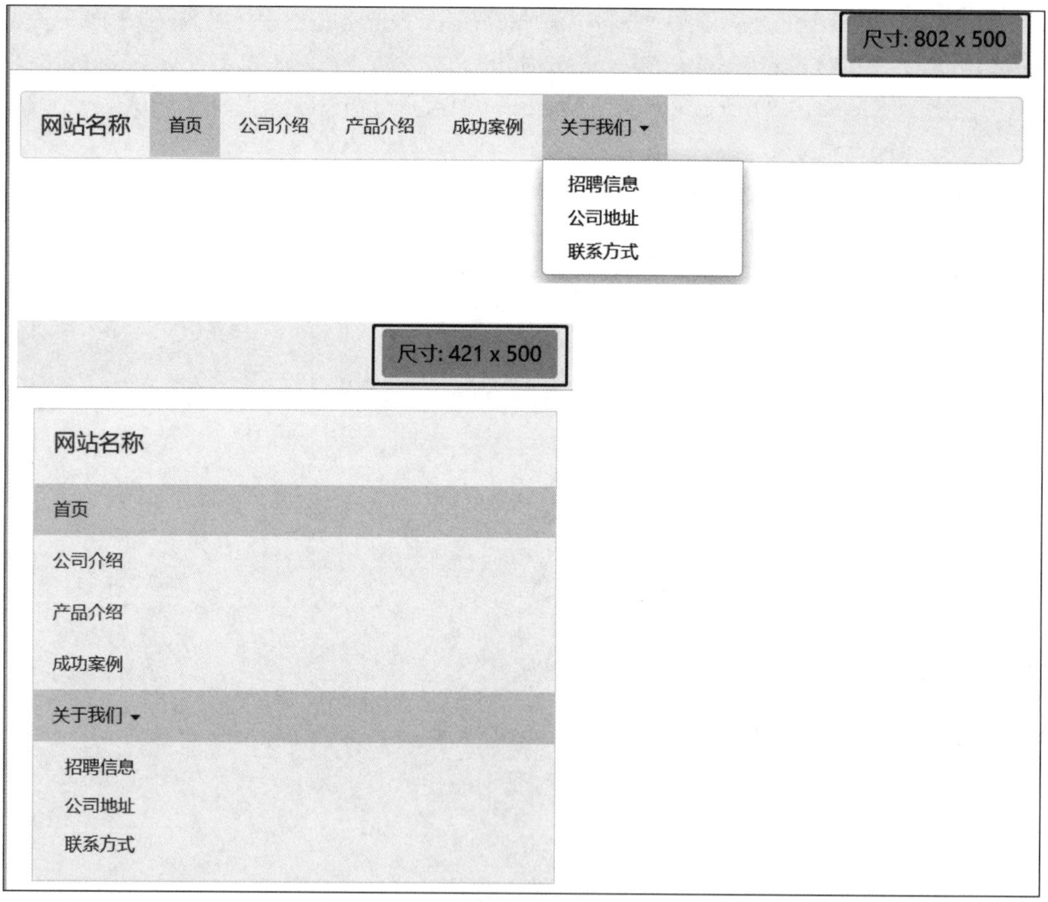

图 6 – 3 – 7

📠 任务实现

步骤 1：搭建大致结构引入 Bootstrap。

```
<!DOCTYPE html >
```

```
<html>
<head>
    <meta charset="utf-8">
    <title>在线尝试 Bootstrap 实例</title>
    <link rel="stylesheet" href="https://cdn.staticfile.org/twit-
ter-bootstrap/3.3.7/css/bootstrap.min.css">
    <script src="https://cdn.staticfile.org/jquery/2.1.1/jquery.
min.js"></script>
    <script src="https://cdn.staticfile.org/twitter-bootstrap/
3.3.7/js/bootstrap.min.js"></script>
</head>
<body>
</body>
</html>
```

步骤 2：设置头部的样式，随着大小改变。

```
<div class="jumbotron text-center" style="margin-bottom:0">
    <h1>我的第一个 Bootstrap 页面</h1>
    <p>重置浏览器窗口大小查看效果！</p>
</div>
```

步骤 3：设置导航栏样式。

```
<nav class="navbar navbar-inverse">
        <div class="container-fluid">
        <div class="navbar-header">
        <button type="button" class="navbar-toggle" data-
toggle="collapse" data-target="#myNavbar">
            <span class="icon-bar"></span>
            <span class="icon-bar"></span>
            <span class="icon-bar"></span>

        </button>
        <a class="navbar-brand" href="#">网站名</a>
        </div>
        <div class="collapse navbar-collapse" id=
"myNavbar">
        <ul class="nav navbar-nav">
        <li class="active"><a href="#">主页</a></li>
        <li><a href="#">页面 2</a></li>
        <li><a href="#">页面 3</a></li>
```

```
            </ul>
          </div>
        </div>
      </nav>
```

步骤 4：使用栅格布局。

```
< div class = "container">
  < div class = "row">
    < div class = "col - sm - 4">
        < h2 > 关于我 </h2 >
        < h5 > 我的照片：</h5 >
        < div class = "fakeimg"> 这边插入图像 </div >
        < p > 关于我的介绍..</p >
        < h3 > 链接 </h3 >
        < p > 描述文本。</p >
        < ul class = "nav nav - pills nav - stacked">
          < li class = "active"> < a href = "#"> 链接 1 </a > </li >
          < li > < a href = "#"> 链接 2 </a > </li >
          < li > < a href = "#"> 链接 3 </a > </li >
        </ul >
        < hr class = "hidden - sm hidden - md hidden - lg">
    </div >
    < div class = "col - sm - 8">
        < h2 > 标题 </h2 >
        < h5 > 副标题 </h5 >
        < div class = "fakeimg"> 图像 </div >
        < p > 一些文本..</p >
        < p > 前端教程,学的不仅是技术,更是梦想!!! 菜鸟教程,学的不仅是技术,更
是梦想!!! 菜鸟教程,学的不仅是技术,更是梦想!!!</p >
        < br >
        < h2 > 标题 </h2 >
        < h5 > 副标题 </h5 >
        < div class = "fakeimg"> 图像 </div >
        < p > 一些文本..</p >
        < p > 前端教程,学的不仅是技术,更是梦想!!! 菜鸟教程,学的不仅是技术,更
是梦想!!! 菜鸟教程,学的不仅是技术,更是梦想!!!</p >
    </div >
  </div >
</div >
```

步骤5：设置底部样式。

```
< div class = "jumbotron text - center" style = "margin - bottom:0">
  < p >底部内容 </p >
</div >
```

📖 **知识拓展**

由于 Bootstrap 的普及率非常高，至少在 CSS UI 库这个领域的地位是至今没有任何 UI 库可以撼动的。而且它本身就是基于 CSS 编写的，对于一个 Web 前端开发工程师来说，Bootstrap 是一个必须要学习了解的 UI 库。但是其他库也可以稍微了解，例如 Layui（https://www.layuiweb.com）。任何 UI 库的使用，都是先引入，其使用方法都可以查看官方文档，因为不可能一直使用同一个 UI 库，如何快速使用一个 UI 库是要学习和掌握的。

📖 **技能训练**

使用本任务讲解的知识，实现图6 - 3 - 8 所示的页面效果。

图6 - 3 - 8

📖 **关键步骤**

查看使用文档，实现效果，注意轮播图的大小。

```
< div id = "myCarousel" class = "carousel slide">
  <!-- 轮播(Carousel)指标 -->
  < ol class = "carousel - indicators">
```

```
      <li data-target="#myCarousel" data-slide-to="0" class="ac-
tive"></li>
      <li data-target="#myCarousel" data-slide-to="1"></li>
      <li data-target="#myCarousel" data-slide-to="2"></li>
    </ol>
    <!--轮播(Carousel)项目 -->
    <div class="carousel-inner">
      <div class="item active">
        <img src="(设置图片)" alt="First slide">
      </div>
      <div class="item">
        <img src="(设置图片)" alt="Second slide">
      </div>
      <div class="item">
        <img src="(设置图片)" alt="Third slide">
      </div>
    </div>
    <!--轮播(Carousel)导航 -->
    <a class="left carousel-control" href="#myCarousel" role="but-
ton" data-slide="prev">
      <span class="glyphicon glyphicon-chevron-left" aria-hidden=
"true"></span>
      <span class="sr-only">Previous</span>
    </a>
    <a class="right carousel-control" href="#myCarousel" role=
"button" data-slide="next">
      <span class="glyphicon glyphicon-chevron-right" aria-hidden=
"true"></span>
      <span class="sr-only">Next</span>
    </a>
  </div>
```